T0194541

essentials

essentials liefern aktuelles Wissen in konzentrierter Form. Die Essenz dessen, worauf es als „State-of-the-Art" in der gegenwärtigen Fachdiskussion oder in der Praxis ankommt. *essentials* informieren schnell, unkompliziert und verständlich

- als Einführung in ein aktuelles Thema aus Ihrem Fachgebiet
- als Einstieg in ein für Sie noch unbekanntes Themenfeld
- als Einblick, um zum Thema mitreden zu können

Die Bücher in elektronischer und gedruckter Form bringen das Expertenwissen von Springer-Fachautoren kompakt zur Darstellung. Sie sind besonders für die Nutzung als eBook auf Tablet-PCs, eBook-Readern und Smartphones geeignet. *essentials:* Wissensbausteine aus den Wirtschafts-, Sozial- und Geisteswissenschaften, aus Technik und Naturwissenschaften sowie aus Medizin, Psychologie und Gesundheitsberufen. Von renommierten Autoren aller Springer-Verlagsmarken.

Weitere Bände in der Reihe http://www.springer.com/series/13088

Beatrice Messmer · Gerrit Austen

BIM – Ein Praxisleitfaden für Geodäten und Ingenieure

Grundwissen für Geodäten und Ingenieure

Beatrice Messmer
Vermessungsbüro Dipl. Ing. E.Messmer
Stuttgart, Deutschland

Gerrit Austen
Studienbereich Vermessung und
Geoinformatik, Hochschule für
Technik Stuttgart
Kernen, Deutschland

ISSN 2197-6708 ISSN 2197-6716 (electronic)
essentials
ISBN 978-3-658-30802-5 ISBN 978-3-658-30803-2 (eBook)
https://doi.org/10.1007/978-3-658-30803-2

Die Deutsche Nationalbibliothek verzeichnet diese Publikation in der Deutschen Nationalbibliografie; detaillierte bibliografische Daten sind im Internet über http://dnb.d-nb.de abrufbar.

Planung/Lektorat: Ralf Harms
Springer Vieweg ist ein Imprint der eingetragenen Gesellschaft Springer Fachmedien Wiesbaden GmbH und ist ein Teil von Springer Nature.
Die Anschrift der Gesellschaft ist: Abraham-Lincoln-Str. 46, 65189 Wiesbaden, Germany

Was Sie in diesem *essential* finden können

- relevantes BIM-Basiswissen
- BIM-Anwendungen
- BIM-basierte geodätische Anwendungen
- Leitfaden zur Einführung einer BIM-Strategie im Ingenieurbüro

Vorwort

Die Notwendigkeit, Innovation in der gesamten Baubranche und insbesondere im Bereich der Geodäsie zu fördern, dient als Motiv dieses *essentials,* das aus einer Bachelorarbeit mit dem Titel „Die Geodäsie im Spannungsfeld von BIM- denken wir neu!“, entstanden ist.

Aus Sicht der Autorin und Unternehmensnachfolgerin eines Ingenieurbüros, können derzeit mehrere Gründe angeführt werden, warum man sich intensiver mit Innovation beschäftigen und Geschäftsbereiche neu denken sollte.

In erster Linie führt der Druck, der durch neue Technologien und der zunehmenden Automatisierung steigt, dazu, dass klassische geodätische Tätigkeiten nicht mehr in gewohnter Weise durchgeführt werden können bzw. diese durch andere am Bau beteiligten Akteure ausgeführt werden. Darüber hinaus haben niedrige Gehälter und weitere Gründe die Folge, dass Nachwuchs- und Fachkräfte in der Geodäsie fehlen.

BIM bietet dabei eine Möglichkeit, mehr Digitalisierung zu wagen und diese Methodik und neue Denkweise mehr und mehr in die alltäglichen Arbeitsprozesse einfließen zu lassen.

Die Geodäsie hat über die letzten Jahre eine starke Expertise in der digitalen Datenerfassung und -verarbeitung aufgebaut. Nun gilt es diese Expertise ins BIM-Umfeld verstärkt einzubringen und die digitale Transformation der Baubranche aktiv mitzugestalten.

Auch im Bildungsbereich, insbesondere an den Berufsschulen, Hochschulen und Universitäten, sollte aus Sicht der Autoren die neue Art der kollaborativen Leistungserbringung mehr Beachtung finden. Fächerübergreifende Vorlesungen oder gemeinsame Projekte können ein erster Schritt sein. In anderen Ländern, wie z. B. in Großbritannien gibt es bereits Masterstudiengänge, die sich ausschließlich der BIM-Methodik widmen. Studiengänge und Ausbildungsberufe sollten deshalb in Deutschland zeitnah „BIM-fit“ gemacht werden.

Dieses *essential* gibt dazu einen ersten Anstoß. Es werden die wichtigsten BIM-Grundlagen aufgeführt, erarbeitet wie geodätische BIM-basierte Tätigkeiten interpretiert werden können und wie eine BIM-Strategie für ein Ingenieurbüro konzipiert werden kann. Diese Herangehensweise kann auch auf Nachbardisziplinen übertragen werden.

Beatrice Messmer
Gerrit Austen

Inhaltsverzeichnis

Über die Autoren

Beatrice Messmer, M.Sc., B.Eng., ist Unternehmensnachfolgerin in einem Vermessungsbüro mit den Schwerpunkten Business Development, BIM-Management, Nachhaltigkeit und Prozessoptimierung.

Prof. Dr.-Ing. Gerrit Austen ist Professor für Angewandte Geodäsie an der Hochschule für Technik Stuttgart. Seine Forschungsschwerpunkte liegen im Bereich der Ingenieurvermessung sowie der geodätischen Anwendungen im Bauwesen.

Abkürzungsverzeichnis

AHO	Ausschuss der Verbände und Kammern der Ingenieure und Architekten für die Honorarordnung e. V.
BMI	Bundesministerium des Innern, für Bau und Heimat
BMVI	Bundesministerium für Verkehr und Digitale Infrastruktur
BMWi	Bundesministerium für Wirtschaft und Energie
CAD	Computer Aided-Design
CEN	Comité Européen de Normalisation = Europäisches Institut für Normung
DIN	Deutsches Institut für Normung
DVW e. V.	Deutscher Verein für Vermessungswesen
GNSS	Global Navigation Satellite System
HOAI	Honorarordnung für Architekten und Ingenieure
ISO	International Organization for Standardization = Internationale Organisation für Normung
VDI e. V.	Verein Deutscher Ingenieure e. V.

1 Einleitung

Das vorliegende Essential befasst sich mit dem Thema BIM im Kontext Geodäsie. Die Notwendigkeit nicht nur, aber auch aus Sicht der Geodäsie einen Beitrag zu schreiben, ergibt sich aus der bisher noch in den Kinderschuhen steckenden BIM-Entwicklung in Deutschland, aber insbesondere auch mit den bisher wenig wahrgenommenen Chancen, die sich für den Geodäten in der Digitalisierung der Bau- und Immobilienbranche ergeben. Wird die Produktivität des Bausektors der vergangenen Jahre betrachtet, so ist auffällig, dass die Baubranche stark hinter andere Branchen zurückfällt. Die Arbeitsproduktivität in der Volkswirtschaftlichen Gesamtrechnung (VGR) des Statistischen Bundesamtes belegt, dass im Jahr 1991 eine höhere Produktivität als im Jahr 2018 im Bausektor erreicht wurde (Statistisches Bundesamt 2020). Branchenvergleiche zeigen, dass z. B. die Automobilbranche schon lange mit digitalen Fertigungsmodellen arbeitet. Bevor Fahrzeuge in die Produktion gehen, werden die Abläufe tausende Male durch computergestützte Simulationen intensiv vorab geprüft. Weiter kann angeführt werden, dass große Bauvorhaben in der Öffentlichkeit zumeist negative Schlagzeilen vorweisen, wie die Beispiele des Flughafens BER, die Hamburger Elbphilharmonie oder Stuttgart 21 zeigen. Das Image der Baubranche und das Label „Made in Germany“ sind stark angekratzt. Langwierige, analoge und aus der Zeit gekommene Baugenehmigungsverfahren erschweren darüber hinaus, den Wohnungsmangel in Deutschland einzudämmen.

Die Notwendigkeit, neue Wege zu gehen, Innovationen zuzulassen und der Mut, mehr Digitalisierung zu wagen, ist in der gesamten Bau- und Immobilienbranche erkennbar. Andere Länder wie Skandinavien, Großbritannien oder Singapur zeigen, dass BIM dabei eine Chance bietet, heutige Prozesse neu zu denken und technologische Entwicklungen verstärkt einzusetzen. Es bietet die Möglichkeit, effizienter und transparenter zu planen und Bürger, Eigentümer

B. Messmer und G. Austen, *BIM – Ein Praxisleitfaden für Geodäten und Ingenieure,* essentials, https://doi.org/10.1007/978-3-658-30803-2_1

und Nutzer in der frühen Planungsphase teilhaben zu lassen. Während der Bauphase können durch eine verbesserte Kollaboration aller am Bau beteiligten Akteure, Prozesse besser abgestimmt und geplant werden. Auch in der Betriebsphase können durch den digitalen Zwilling eines Gebäudes, Immobilien auf Nachhaltigkeitskriterien geprüft und optimiert werden. Ebenso kann das Facility Management durch smarte Sensortechnik besser gesteuert werden, was auch unter dem Stichwort predictive maintenance angeführt werden kann. Weiter spielen im Jahr 2020 Aspekte der Nachhaltigkeit in jeglicher Hinsicht eine zentrale Rolle. So hat sich die Regierung Großbritanniens das Ziel gesetzt, durch die Modernisierung des Bau- und Liegenschaftbereichs Kosten und dadurch auch 20 % der Treibhausgase einzusparen. „The Edge" in Amsterdam, das zu einem der digitalsten Gebäude der Welt zählt, zeigt, wie die intelligente Nutzung von Daten zur Terminplanung der Mitarbeiter, Wetterdaten, Verkehrsdaten, Statistiken zu Grippewellen und zu Sonneneinstrahlungen zur effizienteren und ressourcensparenderen Nutzung von Gebäuden führen kann. Dies sind nur einige Beispiele, die verdeutlichen, dass es heute schon Mittel und Wege gibt, Tätigkeiten in der Planung, im Bau und dem Betrieb von Gebäuden in Deutschland mit mehr Zeitgeist zu versehen (Pilling 2019).

Für den Geodäten, der bereits seit vielen Jahren digitale Technologien nutzt und Daten schon seit geraumer Zeit digital verarbeitet, ist es eine logische Schlussfolgerung in der Gestaltung der digitalen Transformation aus der passiven Schattenrolle hervorzutreten und seine aufgebaute Expertise stärker einzubringen. Die überwiegende Mehrheit der Daten, die heute erfasst werden, nicht nur im Immobilienbereich, haben nämlich einen Raumbezug.

Ein weiterer Grund, dass sich die Vermessungsfachkraft verstärkt mit Innovationen und neuen Aufgabenfeldern auseinandersetzen sollte, ist der hohe Automatisierungsgrad, der laut dem Jobfuturomat des Instituts für Arbeitsmarkt- und Berufsforschung berechnet wurde. So liegt der Automatisierungsgrad eines Ingenieurs bei 55 %, eines Technikers bei 50 % und eines Beamten im Vermessungswesen (höherer Dienst) bei 88 % (Institut für Arbeitsmarkt- und Berufsforschung 2020). Bei Betrachtung vieler Baustellen ist sichtbar, dass immer mehr geodätische Tätigkeiten aufgrund des technologischen Fortschritts durch andere am Bau beteiligten durchgeführt werden. Die zunehmende einfache Bedienung von GNSS-Empfängern, Tachymetern oder Laserscannern wird diese Tendenz weiter verstärken. Um es aber mit den Worten eines Keynote Sprechers der INTERGEO 2019, Dr. Jürgen Dold von Hexagon, zu sagen, es gibt *„Wunderbare Chancen durch digitale Geschäftsmodelle"*, ebenso für die Geodäsie.

Aus diesen aufgeführten derzeitigen Herausforderungen ergeben sich für dieses Essential folgende Fragestellungen: Wie entwickelt sich die Rolle des Geodäten im BIM-Umfeld weiter? Welche Aufgaben ergeben sich daraus? Welche aus geodätischer Sicht relevanten Daten werden ausgetauscht? Wie kann sich ein Ingenieurbüro darauf einstellen?

In der Betrachtung der BIM-Literatur, aber auch bei BIM-Projekten, spielt der Geodät bisher nur eine untergeordnete bis keine Rolle. Immer wieder werden Angaben beispielsweise zur Genauigkeit von Katasterdaten gemacht, die verdeutlichen, dass die Expertise des Geodäten nicht nur bei der Koordinatentransformation benötigt wird. Viele Berichte in der geodätischen Fachwelt wiederum sind teilweise noch sehr auf einige wenige Anwendungen beschränkt und zeigen die Vielfalt der neuen Möglichkeiten nur unzureichend auf. Schwierig ist dabei sicherlich, die relevanten Aspekte aus dem weitreichendem BIM-Bereich für die Geodäsie zu filtern.

Ziel dieses Essentials ist es deshalb, einen Beitrag zu leisten, die Rolle des Geodäten im BIM-Prozess nicht neu zu erfinden, sondern neu zu denken. Dieses Essential kann in drei Teile eingeteilt werden: der erste Abschnitt beschäftigt sich mit allgemeinem BIM-Basiswissen mit Fokus auf geodätisch relevante Aspekte. Im zweiten, praxisorientierten Teil, werden konkrete BIM-basierte geodätische Anwendungen ausgearbeitet. Der dritte Teil beschäftigt sich dann mit einer Möglichkeit, wie eine BIM-Strategie im Planungs-/Ingenieurbüro implementiert werden kann. Weiter ist im Anhang ein Glossar, das wichtige BIM-Begrifflichkeiten beschreibt.

An dieser Stelle sei angemerkt, dass dieses Essential nur eine Momentaufnahme darstellt, da sich die Technologie im BIM-Bereich und auch im Bereich der Geodäsie u. a. mit Hilfe von künstlicher Intelligenz und der Teilnahme von mehr und mehr Akteuren rasant verändert. Dennoch ist ein weiteres Ziel dieses Essential jeden einzelnen Akteur in den verschiedenen Fachbereichen dazu zu motivieren, sich heute an der Gestaltung der BIM-Implementierung in Deutschland und Europa zu engagieren. Weiter soll es dazu motivieren, sich mit der Agilität der eigenen Organisation zu beschäftigen.

2 BIM-Grundlagen

Die ersten nachweisbaren Gedanken zu BIM können in der Literatur in den 1970er Jahren gefunden werden. So wurde in einer Forschungsarbeit in den USA bereits von einem Computer basierten System gesprochen, das für die Planungs-, Bau- und Betriebsphase genutzt werden kann. In diesem System werden die Informationen gespeichert und bearbeitet (Eastman et al. 1974). Der tatsächliche Begriff Building Information Modeling ist allerdings zum ersten Mal in einem Buchkapitel im Jahr 1992 durch van Nederveen & Tolmann erschienen, bevor er dann durch ein Whitepaper von Autodesk im Jahr 2003 erstmals flächendeckend verbreitet wurde (Autodesk 2003). Wie BIM heute definiert werden kann und welche Bausteine dazu gehören, wird im Folgenden beschrieben.

2.1 BIM-Definition

Wenn es darum geht, BIM zu erklären, sind nach wie vor verschiedene Aussagen wahrzunehmen. Beispielsweise wird BIM mit einer Software gleichgesetzt oder es wird von einer reinen dreidimensionalen Planung ausgegangen. Ein weiteres Missverständnis geht mit der Aussage einher, BIM für eine Firma kaufen zu wollen. Ein einheitliches Verständnis, was unter BIM zu verstehen ist, ist deshalb eine wichtige Grundlage für dieses Essential, aber auch für die gesamte Branche.

Im Zuge der wissenschaftlichen Recherche wurde allerdings deutlich, dass es eine Vielzahl an Definitionen gibt. Diese tendieren alle in eine ähnliche Richtung, weisen aber dennoch Unterschiede auf. Es werden nun verschiedene Definitionen auf nationaler und internationaler Ebene kurz zusammengefasst, um die Vielfalt der diversen Interpretationen zu BIM aufzuzeigen. Es werden auf internationaler Ebene insbesondere die Nationen genauer betrachtet, die nach Smith (2014)

B. Messmer und G. Austen, *BIM – Ein Praxisleitfaden für Geodäten und Ingenieure,* essentials, https://doi.org/10.1007/978-3-658-30803-2_2

als fortschrittlich in der BIM Entwicklung gelten. Dazu zählen die USA, die skandinavischen Länder, Großbritannien und Singapur.

Warum sind andere Länder mit BIM schon weiter? In den USA wird dieser Fortschritt u. a. auf Publikationen und das Aufzeigen von Kostenfolgen von unzureichendem Zusammenwirken im Investitionsbereich der US-Bauindustrie zugeschrieben. In den skandinavischen Ländern hingegen kann diese fortschrittliche Entwicklung insbesondere auf die proaktive Rolle der Regierungen bezüglich BIM und der Investitionen in die Forschung IT-gestützten Bauens zurückgeführt werden. Auch in Großbritannien wird der aktuelle Entwicklungsprozess auf die Bemühungen der Regierung in Zusammenarbeit mit Akteuren aus der Bauindustrie durch die Einführung einer nationalen BIM-Strategie bereits im Jahr 2011 gesehen. In Singapur ist die BIM-Entwicklung auf Initiativen aus dem Jahr 2000 zur Transformation der Bauindustrie und einem regierungsgestützten Programm, das besagt, ab 2015 BIM in öffentlichen Projekten anzuwenden, zurückzuführen. Im internationalen Vergleich befindet sich Deutschland noch im Beginn der BIM-Einführung (Smith 2014).

Als eine der meist genannten Definitionen in Deutschland gilt die aus dem Stufenplan des BMVI aus dem Jahr 2015. BIM wird dabei wie folgt beschrieben:

Definition *„Building Information Modeling bezeichnet eine* ***kooperative Arbeitsmethodik,*** *mit der auf der Grundlage digitaler Modelle eines Bauwerks die für seinen Lebenszyklus relevanten Informationen und Daten konsistent erfasst, verwaltet und in einer transparenten Kommunikation zwischen den Beteiligten ausgetauscht oder für die weitere Bearbeitung übergeben werden."* (BMVI 2015).

BIM ist laut dieser Definition also eine kollaborative Arbeitsmethodik. Die Zusammenarbeit erfolgt auf Grundlage digitaler Modelle, die in einer gemeinsamen Datenumgebung, einer sog. Common Data Environment (CDE), über den gesamten Lebenszyklus hinweg von allen beteiligten Akteuren genutzt wird. Diese Definition wird immer wieder herangezogen, so auch durch den DVW e. V. (Deutscher Verein für Vermessungswesen – Gesellschaft für Geodäsie, Geoinformation und Landmanagement e. V.) in dessen BIM-Leitfaden (Blankenbach und Clemen 2019).

Als eine weitere wichtige nationale und internationale Institution gilt die buildingSMART international (bSI) Initiative, die sich zum Ziel gesetzt hat, die Standardisierung im BIM-Bereich voran zu treiben. Auf der Website von buildingSMART Deutschland wird BIM auch als eine zeitgemäße Arbeitsmethode beschrieben, mit dem Hinweis, dass es klar definierte Regeln für die neue Art der Zusammenarbeit geben muss (buildingSMART Deutschland e. V. 2018). Im Onlinewörterbuch von bSI wird auf den zweiten Teil der amerikanischen Definition verwiesen (buildingSmart International 2015), die weiter unten genauer betrachtet wird.

Im BIMiD-Leitfaden wird BIM neben Building Information Modeling auch wie im Nationalen BIM Standard US (NBIMS-US) alternativ als Building Information Management beschrieben. Übersetzt ins Deutsche steht es also für die Bauwerksdatenmodellierung bzw. das Bauwerksdatenmanagement. Grundsätzlich wird aber explizit darauf hingewiesen, dass es keine allgemein gültige und abgestimmte Definition zu BIM gibt. Es wird jedoch betont, dass das Zentrum des Begriffs BIM im „I", also der Information, stecken sollte (Mittelstand 4.0-Kompetenzzentrum Planen und Bauen 2019).

Aufgrund des bereits erläuterten Fortschritts in der Einführung von BIM in anderen Ländern, wie z. B. in den USA, und der vielen Möglichkeiten, die sich durch BIM im Laufe der letzten Jahre aufgrund von neuer Technologie ergeben haben, sind nach Meinung der Autoren die in Deutschland gängigen Definitionen möglicherweise nicht ausreichend. Es lohnt daher ein Blick darauf, wie BIM in anderen Ländern definiert wird. Aufgrund der konzentrierten Form dieses Essentials werden jedoch nur die Definitionen aus den USA und Großbritannien näher betrachtet.

In den ersten Definitionsversuchen in den USA wurde BIM zunächst nur als dreidimensionales Modell eines Gebäudes gesehen. Diese eingeschränkte Definition reichte jedoch nicht lange aus, um das volle Potenzial eines digitalen, objekt-basierten und interoperablen[1] BIM-Prozesses und die Verwendung diverser Hilfsmittel mit modernen Kommunikationsmöglichkeiten abzubilden. So wurde durch die National Institute of Building Sciences buildingSmart alliance (bSa) in der dritten Version des NBIMS-US im Jahr 2015 der Terminus BIM in drei differenzierten, aber dennoch miteinander verknüpften Funktionen beschrieben. Demnach ist Building Information Modeling, Model oder Management:

[1]Interoperabilität bezeichnet die Fähigkeit, eines oder mehrerer Systeme oder Komponenten Informationen auszutauschen und diese zu nutzen. Wesentliche Elemente liegen in der Kommunikationsfähigkeit und der Nutzung der ausgetauschten Informationen (DIN Deutsches Institut für Normung e. V. 2016).

Definition

1. *„Ein **Geschäftsprozess** für die Schaffung und Nutzung von Gebäudedaten für das Planen, den Bau und den Betrieb eines Gebäudes während seines Lebenszyklus. BIM ermöglicht über die Interoperabilität technologischer Plattformen allen Projektbeteiligten Zugang zu denselben Informationen zur selben Zeit zu haben.*
2. *Ein **digitales Abbild** physikalischer und funktionaler Eigenschaften eines Gebäudes. Als solches dient es als gemeinsame Informationsquelle eines Gebäudes, die als verlässliche Grundlage für Entscheidungen über den gesamten Lebenszyklus von Beginn an gilt.*
3. *Die **Organisation** und **Kontrolle** eines Geschäftsprozesses durch die Nutzbarmachung der Informationen des digitalen Prototyps, um die gemeinsame Nutzung der Informationen über den gesamten Lebenszyklus eines Gebäudes zu bewirken. Die Mehrwerte umfassen die zentralisierte und visuelle Kommunikation, frühzeitiges Aufzeigen von Optionen, Nachhaltigkeit, effizientes Design, Integration der Fachgewerke, Baustellenkontrolle, As-built Dokumentation, usw. Zusammenfassend die Entwicklung eines Asset -Lebenszyklus-Prozesses und -Modells von der Konzeption bis zum endgültigen Rückbau."* (Eigene Übersetzung aus National Institute of Building Sciences buildingSMART alliance 2015).

Die Europäische Kommission hat sich ebenfalls durch die Gründung der Initiative der EU BIM Task Group im Jahr 2015 zum Ziel gesetzt, durch ein Handbuch mit dem Titel „Die Einführung von BIM durch den europäischen öffentlichen Sektor" mehr Transparenz und ein gemeinsames Verständnis von BIM zu schaffen. Im Handbuch wird BIM als Synonym für die **digitale Transformation** der Baubranche und der bebauten Umgebung beschrieben. BIM sei eine digitale Form von Bau- und Gebäudetätigkeiten. Die Methodik ermögliche den Zusammenschluss von Technologie, Prozessverbesserung und digitaler Information zu einem grundlegend verbesserten Projektergebnis und von Gebäudetätigkeiten (EU BIM Task Group 2017).

In Großbritannien gibt es ebenfalls eine BIM-Task Group, ein Zusammenschluss der Regierung und von Vertretern der Industrie, die gemeinsam diverse Standards und Dokumente erarbeitet haben. So wurde durch die British Standards Institution in den Publicly Available Specifications (PAS) u. a. auch eine BIM-Definition festgehalten. In der PAS1192-2 wird BIM als

▶ **Prozess** zur Planung, zum Bau oder zum Betrieb eines Gebäudes oder einer Infrastrukturanlage unter Verwendung elektronischer objektorientierter Informationen beschrieben.

Im Jahr 2011 hat sich die Regierung Großbritanniens das Ziel gesetzt, 20 % der Kosten der öffentlichen Gebäude bis zum Jahr 2016 einzusparen und die Treibhausgasemissionen zu reduzieren. Um dieses Ziel zu erreichen, galt es als notwendig, dass sich Firmen aus dem Bausektor, die sich in Ausschreibungen des öffentlichen Sektors bewerben, BIM im Level 2 anwenden zu können. BIM Level 2 bezieht sich auf die BIM-Maturität, also den BIM-Reifegrad. Die Definition der BIM-Maturität auf den verschiedenen Level 0–3 wird in verschiedener Fachliteratur immer wieder verwendet, weshalb dieser Begriff nun auch kurz genauer beschrieben und durch eine Grafik (s. Abb. 2.1) dargestellt wird.

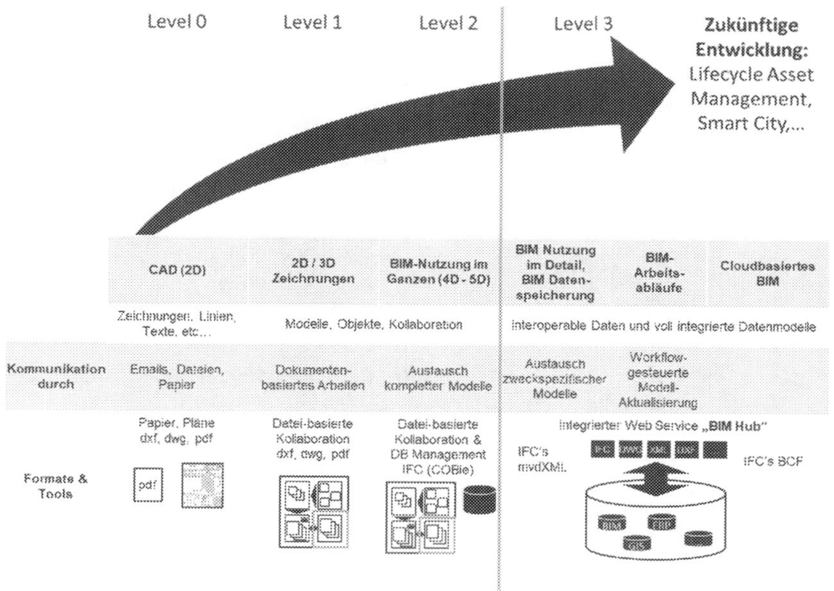

Abb. 2.1 BIM Maturitätslevel Modell nach Bew-Richards. (Quelle: eigene Darstellung in Anlehnung an British Standards Institution 2016; buildingSMART International 2019; AHO 2019)

BIM-Maturität
Das Level 0 beschreibt das herkömmliche Arbeiten mit 2D Computer Aided-Design (CAD) Modellen und dem überwiegend papierbasierten Austausch von Plänen. Level 1 ist der Übergang von zwei- zu dreidimensionalen Daten und dem digitalen Austausch der Plandaten, jedoch in proprietärem Format (British Standards Institution 2016). Ein proprietäres Format liegt dann vor, wenn eine Datei auf herstellerspezifischen und nicht öffentlichen Standards basiert. Die entwickelte Datenstruktur ist also im Eigentum des Unternehmens. Im BIM-Kontext wird dies als nativeBIM oder auch closedBIM bezeichnet, dazu aber in Abschn. 2.3 mehr (Baldwin 2018).

Auf BIM Level 2 wird der Gedanke des kollaborativen BIM-Ansatzes und die Anwendung von BIM-Software eingeführt, d. h. dieses Level sieht vor, in einer gemeinsamen Projektplattform, also einer CDE, zu arbeiten, die es ermöglichen soll, die strukturierten Informationen der verschiedenen BIM-Fachmodelle zu definierten Zeitpunkten austauschbar und über den gesamten Lebenszyklus eines Gebäudes weiterverwendbar zu machen. Für die derzeit letzte Stufe BIM Level 3 gibt es noch keine endgültige Definition. Es kann jedoch angenommen werden, dass es sich um die Beschreibung eines offenen BIM-Prozesses (openBIM) handelt, der Datenbanken und zusammengeführte Modelle unterstützt, welche auf offene allgemein anerkannte Standards zurückgreifen (British Standards Institution 2016). Weitere Reifegradmodelle gehen vom BIM Level 3 zum „Smart City“ Gedanke über (vgl. AHO 2019). Abb. 2.1 zeigt das BIM Maturitätslevel Modell.

Zusammenfassend lässt sich sagen, dass es derzeit noch keine einheitliche Definition und damit kein einheitliches Verständnis von BIM in Deutschland und Europa gibt. Die verschiedenen Definitionen zeigen alle eine ähnliche Richtung auf, haben aber dennoch Unterschiede. Auf nationaler und insbesondere auf EU-Ebene sollte es erstrebenswert sein, eine Harmonisierung des BIM-Verständnisses weiter voranzutreiben, damit eine wichtige Grundlage – ein einheitliches BIM Verständnis – für die erfolgreiche Anwendung von BIM gelegt ist. Da in Deutschland die Definition des BMVI am gängigsten scheint, wird in diesem Essential von diesem BIM-Verständnis (s. Definition oben) ausgegangen. Im Folgenden werden nun die zentralen BIM-Bausteine beschrieben.

2.2 BIM-Bausteine und BIM-Anwendungen

Durch die Vielfalt an Definitionen und der daraus resultierenden Schwierigkeit, sich auf ein allgemein gültiges Verständnis zu einigen, wird deutlich, dass die Dimensionen von BIM nicht bei der dreidimensionalen Modellierung, bezogen auf die Geometrie und verstärkten kollaborativen Arbeitsweise während der Planungs- und Bauphase, endet.

Der BIM-Grundbaustein zählt folgende elementaren Charakteristika:

1. dreidimensional
2. objektorientiert
3. dynamisch
4. parametrisch

Dreidimensional heißt, dass jedes Element in allen drei Dimensionen, also in eine x-, y- und z- Richtung definiert ist. **Objektorientiert** bedeutet, dass jedes modellierte Objekt für ein Bauteil steht. Ein Bauteil kann z. B. eine Wand oder eine Tür sein, diese wiederum steht in einer Beziehung zu einem oder mehreren anderen Elementen. Eine Tür ist Teil einer Wand, diese Wand ist Bestandteil eines Raumes, der wiederum auf einem Geschoss liegt. Dieses Geschoss ist eines von vielen in einem Bauwerk. BIM ist **dynamisch,** d. h. wird eine Wand verändert, ändern sich sämtliche Fenster und Türen, die zu dieser Wand gehören, automatisch mit. Das weitere Charakteristikum **parametrisch** beschreibt, dass sich ein Objekt aus verschiedenen Attributen und Parametern zusammensetzt. Diese Parameter und Attribute beziehen sich aber nicht nur auf geometrische Eigenschaften, sondern auch auf nicht-geometrische, wie beispielsweise Materialeigenschaften. Ein Synonym für Parameter sind Objekteigenschaften oder -attribute (Baldwin 2018).

Auf Grundlage dieses Grundbausteins ist es möglich, weitere Dimensionen hinzuzufügen:

- 4D: Zeit
- 5D: Kosten
- 6D: As-built/Facility Management
- 7D: Nachhaltigkeit
- 8D: Sicherheit

Diese Dimensionen sind aber, wie jüngste Publikationen zeigen, nicht ausreichend, um die schon heute möglichen oder für die Zukunft vorgesehenen BIM-Anwendungen abzubilden. Messner et al. (2019) haben im BIM Execution Planning Guide 24 separate BIM-Anwendungen definiert, die auf die diversen Potenziale, Voraussetzungen und erforderlichen Kenntnisse von BIM-Anwendungen konkret eingehen. Tab. 2.1 zeigt eine komprimierte Auflistung der aufgeführten BIM-Anwendungen. Diese werden den drei generischen Lebenszyklusphasen (Planung, Bau und Betrieb) zugeteilt. Drei BIM-Anwendungen können dabei nach Auffassung der Autoren der Gruppe der

Tab. 2.1 BIM-Anwendungen aus dem BIM Execution Planning Guide 2019

#	Lebenszyklus-phase	BIM-Anwendung	#	Lebenszyklus-phase	BIM-Anwendung
1	**Planung**	**Standortanalyse**	13	Planung	3D-Koordinierung
2	Planung	Datenmodellierung	14	Planung	Bauentwurfs-planung
3	Planung	Design Erstellung	15	Planung	Phasen/Zeit-Planung (4D)
4	Planung	Design Über-prüfung	16	Planung	Kostenschätzung (5D)
5	Planung	Programmierung	17	Bau	Standortnutzungs-planung
6	Planung	Code Validierung	18	Bau	Digitale Fertigung
7	Planung	Analyse des Gebäudesystems	**19**	**Bau**	**3D-Kontrolle und Planung**
8	Planung	Ingenieur-technische Ana-lysen	**20**	**Betrieb/Bestand**	**Bestands-modellierung**
9	Planung	a) Energieanalysen	21	Betrieb/Bestand	Planung von (vor-sorgenden) Instand-haltung
10	Planung	b) Statische Berechnungen	22	Betrieb/Bestand	Asset Management
11	Planung	c) Beleuchtungs-analysen	23	Betrieb/Bestand	Raummanagement und -tracking
12	Planung	Nachhaltigkeits-bewertung	24	Betrieb/Bestand	Notfallplanung, Notfallmanagement

Geodäten federführend zugeordnet werden: 1. Standortanalyse, 19. 3D-Kontrolle und Planung und 20. Bestandsmodellierung. Auf diese wird in Tab. 3.1 noch genauer eingegangen. Grundsätzlich kann aber gesagt werden, dass bei einer Vielzahl von BIM-Anwendungen eine einheitliche Planungsgrundlage, ein aktueller Bestandsplan/aktuelles Bestandsmodell oder z. B. qualitätssichernde Maßnahmen bei der digitalen Fertigung durch den Geodäten durchgeführt werden. Es werden also wichtige Grundlagen durch geodätische Tätigkeiten für die meisten BIM-Anwendungen gelegt.

2.3 BIM-Akteure und Verbände

Es wurden im Zuge des Abschn. 2.1 bereits verschiedene internationale und nationale Akteure im BIM-Kontext genannt. Zur besseren Einordnung werden nun einige weitere relevante Institutionen, Organisationen und Verbände auf internationaler und nationaler Ebene mit einer kurzen Beschreibung aufgeführt.

Internationale Akteure und Verbände
Auf internationaler und nationaler Ebene ist dabei an erster Stelle **buildingSMART International (bSI)** zu nennen. Dies ist eine weltweite Dachorganisation, die es sich zum Ziel gesetzt hat, die digitale Transformation in der Baubranche auf effiziente Art und Weise voranzutreiben. Dies wird u. a. durch das Einsetzen für offene, internationale Standards und Lösungen für Infrastruktur- und Hochbauprojekte angestrebt. Sie ist eine offene, neutrale und internationale gemeinnützige Organisation (buildingSMART International 2019). Neben der Dachorganisation gibt es in einer Vielzahl von Ländern nationale buildingSMART Initiativen, so auch in Deutschland mit dem **buildingSMART Deutschland e. V.** Auch auf nationaler Ebene wird versucht, die Weiterentwicklung und die Standardisierung eines herstellerneutralen (offenen) Informationsaustausches in BIM-Projekten aktiv voranzutreiben. Dazu zählt auch die Schaffung eines einheitlichen BIM-Verständnisses und Standardisierung von entsprechenden Arbeitsprozessen (buildingSMART Deutschland e. V. 2019).

Aus den USA kann der bereits aufgeführte **NBIMS-US** und die **bSA** genannt werden. Den Nationalen BIM-Standard der USA gibt es inzwischen in seiner dritten Version. Die erste Version wurde im Jahr 2008 veröffentlicht. Er beinhaltet konsensbasierte Standards durch Verweis auf bestehende Standards, die Dokumentation des Informationsaustauschs und die Bereitstellung von Best Practices. Der NBIMS-US wird durch das National Institute of Building Sciences und durch buildingSMART bzw. der Allianz (bSA) dieser beiden Institutionen veröffentlicht (National Institute of Building Sciences 2019). Auch der BIM Execution Planning Guide, aus dem die BIM-Anwendungen in Kap. 3 herausgearbeitet werden, entstand aus der bSA heraus (Messner et al. 2019).

Durch die seit 2011 begonnenen Initiativen der Regierung in Großbritannien, Kosten und Treibhausgasemissionen durch die Modernisierung des Bau- und Liegenschaftsbereichs einzusparen, gibt es bereits fortschrittliche Entwicklungen. Für die Erarbeitung von Standards wurde eine **BIM-Task-Group** eingerichtet. Eine weitere wichtige Institution ist die National Building Specification (NBS), die die Standardisierung von Bauteilen forciert und im Jahr 2012 eine National

BIM Library aufgebaut hat. Dadurch können Baustoff- und Produkthersteller ihre Informationen zur Verfügung stellen. Durch dieses frühe und starke Engagement vonseiten der Regierung sind auch international bedeutende Regelwerke entstanden, wie z. B. die PAS 1192-2 für das Planen und Bauen, die als Grundlagen für die ISO 19650 herangezogen wurde. Ebenso haben die PAS 1192-3 für den Betrieb von Gebäuden, die PAS 1192-4 für die kollaborative Erstellung von Informationen und die PAS 1192-5 für sicherheitsrelevante Gebäudeinformationsmodellierung, digitale Gebäudeumgebung und intelligentes Gebäudemanagement, Einfluss auf die ISO 19650 genommen (Pilling 2019). Auf die ISO 19650 wird im Abschn. 2.4 genauer eingegangen.

Auf EU-Ebene wurde die **EU-BIM-Task-Group** errichtet. Diese besteht aus 21 Ländern, darunter Deutschland, und wird von der Europäischen Kommission kofinanziert. Das erarbeitete Handbuch soll auf nationaler Ebene helfen, Gründe und Mehrwerte einer BIM-Einführung darzulegen, wie Regierungen die Einführung von BIM aktiv vorantreiben, wie öffentliche Auftraggeber Vorreiter werden und mit dem privaten Sektor besser zusammenarbeiten können, um die Anwendung von BIM effizienter umzusetzen. Darüber hinaus ist es ein Versuch, ein einheitliches Verständnis, was unter BIM zu verstehen ist, auf europäischer Ebene zu schaffen (EU BIM Task Group 2017).

Nationale Akteure und Verbände

In Deutschland gibt es ein neu gegründetes **Kompetenzzentrum BIM Deutschland** – Zentrum für die Digitalisierung des Bauwesens, welches am 29.01.2020 durch das BMVI und dem Bundesministerium des Innern, für Bau und Heimat (BMI) ins Leben gerufen wurde. Es verfolgt die Ziele Kompetenzen und Wissen auf nationaler Ebene zu bündeln. Darüber hinaus sollen Vorgaben und Muster bereitgestellt werden (BIM Deutschland 2020).

Davor gab es auch schon Initiativen, die von Bundesministerien und durch spezielle Programme gefördert wurden. Dabei ist der nationale Stufenplan aus dem Jahr 2015 durch das BMVI und die entstandene Initiative **Mittelstand 4.0 – Kompetenzzentrum Planen und Bauen** zu nennen. Daraus ist der Leitfaden BIMiD im Jahr 2018 entstanden (BMVI 2015). Auch die **Forschungsinitiative Zukunft Bau** des BMI in Zusammenarbeit mit dem Bundesinstitut für Bau-, Stadt- und Raumforschung (BBSR) hat einen BIM-Leitfaden für den Mittelstand (2018) mit einem starken Praxisbezug entwickelt. Ebenso ist **planen-bauen 4.0** zu nennen. planen-bauen 4.0 – Gesellschaft zur Digitalisierung des Planens, Bauens und Betreibens GmbH ist eine privatwirtschaftliche Initiative, die im Februar 2015 von 14 Verbänden und Kammerorganisationen gegründet wurde. Inzwischen ist die Gesellschaft angewachsen und zählt neben 21 Verbänden auch 27 Mitgliedsunternehmen aus den Bereichen Architektur, Ingenieurwesen, Betreiber und Softwarehersteller. Die Mission dieser Initiative ist es, die Einführung von BIM in Deutschland zu begleiten, zu beschleunigen und aktiv mitzugestalten. Sie bündelt als zentrale Plattformgesellschaft die Expertise aus den verschiedenen Gesellschafterkreisen und den in den regional entstehenden BIM-Clustern (wie z. B. dem BIM Cluster BW s.unten) und schafft nationale sowie internationale Verknüpfungen zu weiteren Organisationen (planen-bauen 4.0 GmbH 2019).

Immer mehr Verbände und Vereine nehmen sich ebenfalls der BIM-Thematik an. So ist der **VDI** (Verein Deutscher Ingenieure) mit den diversen Richtinlien, wie der 2552, ein wichtiger Treiber von Standards in Deutschland (VDI 2019).

Auch der **AHO** (Ausschuss der Verbände und Kammern der Ingenieure und Architekten für die Honorarordnung e. V.) hat durch den Arbeitskreis BIM im Januar 2019 die Schriftreihe Nr. 11 mit dem Titel „Leistungen Building Information Modeling – Die BIM-Methode im Planungsprozess der HOAI" veröffentlicht und dient als unverbindliche Honorierungsempfehlung und Praxishilfe für den BIM-Prozess (AHO 2019).

Vonseiten der Geodäsie ist insbesondere der **Leitfaden Geodäsie und BIM in der Version 2.0** (2019) aus den Arbeitskreisen 2 – Geoinformation und Geodatenmanagement und 4 – Ingenieurgeodäsie des **DVW** in Kooperation mit dem Runden Tisch GIS e. V. hervorzugeheben. Auch das zunehmende Angebot von Schulungen rund um das Thema Geodäsie und BIM zeigt die zunehmende Bedeutung dieses Themas.

Auf Landesebene können noch die verschiedenen **BIM-Cluster,** wie das BIM-Cluster Baden-Württemberg aufgeführt werden. Dies sind Netzwerke auf Landesebene, die sich aus sämtlichen Akteuren der Wirtschaft, Verbänden und Politik zusammensetzen. Ziel dieser Netzwerke ist es, eine Plattform zu schaffen, die Kompetenzen, die bereits existieren und Erfahrungen, die gesammelt wurden, in unterschiedlichen Formaten und interdisziplinär zu vermitteln (BIM CLUSTER Baden-Württemberg e. V. 2019). Eines der zentralen Ziele ist dabei auch ein einheitliches Datenaustauschformat. Das IFC Format gilt derzeit als eines der wichtigen Datenformate, welches im Zuge dieses Essentials jedoch nicht weiter vertieft wird. Nähere und aktuelle Informationen können dazu z. B. auf der Website von buildingSmart (https://technical.buildingsmart.org/standards/ifc/) oder auch im Buch *Der BIM-Manager* von Mark Baldwin (2018) im Kapitel vier gefunden werden.

2.4 BIM-Standards und BIM-Normen

Wie im Abschn. 2.4 noch genauer beschrieben wird, erfordert BIM Disziplin und Regeln, an die sich alle Beteiligten halten sollten. Diese Regeln werden in den verschiedenen BIM-Dokumenten-Standards festgehalten. In diesen Standards wird auch definiert, welche Informationen zu welchem Projektzeitpunkt durch wen und in welcher Informationstiefe ausgetauscht werden. Diese vorab definierten Datenübertragungspunkte werden **Gates** genannt (Mittelstand 4.0-Kompetenzzentrum Planen und Bauen 2019).

Grundsätzlich gibt es für die Spezifikation von 3D-Modellen in der Planungsphase sogenannte **Level of Developments (LoD),** die im Deutschen mit dem Entwicklungsstand übersetzt werden können. LoD spezifiziert den Detaillierungsgrad der Geometrie und den Informationsinhalt eines Modellelements. Die Abstufung beginnt mit LoD100 und einer groben Darstellung bis LoD600, was eine zunehmende Modellverfeinerung und Informationsanreicherung mit sich bringt (s. Tab. 2.2).

Der LoD wird auch häufig getrennt betrachtet, also mit dem geometrischen Detaillierungsgrad, dem sog. **Level of Geometry (LoG)** und dem Informationsgrad, dem **Level of Information (LoI).** Es gilt also LoD = LoG + LoI. Der LoG bezieht sich ausschließlich auf die geometrische Objekt-Präsentation. Der LoI hingegen beschreibt den Inhalt der zu einem Objekt gehörigen Daten. LoD, LoG und LoI beziehen sich immer nur auf bestimmte Objekte. Sie bestimmen nicht den Reifegrad eines Modells oder gar des ganzen Projekts (Baldwin 2018). Ein weiterer Begriff, der in jüngster Zeit häufiger auch verwendet wird, ist LOIN. **LOIN** steht für **Level of Information Needed** und beschreibt das gesamte LoD-Konzept. Der Begriff LOIN wird auf europäischer Ebene durch das Europäische Komitee für Normung (CEN)/TC 442/WG 2/TG1 und auch in der deutschen Normung aktiv gefördert. Die Grundlage bildet die internationale Normung DIN EN 17412. Der Unterschied zum LoD besteht vor allem in der Perspektive. Der Fokus liegt auf dem Begriff des *Need,* also auf dem, was der Informationsbesteller tatsächlich benötigt und erwartet (Blankenbach und Clemen 2019).

Zur Genauigkeit des Aufmaßes wurde in den USA durch das Institute of Building Documentation das **Level of Accuracy (LoA)** mit den Leveln 10–50 eingeführt, das mit der deutschen Norm DIN1870 zur Klassifizierung des Messgenauigkeit (L1-L5) bei der Lagevermessung gleichgesetzt werden kann. Es wird hier zwischen fünf verschiedenen Stufen unterschieden, beginnend mit LoA10 (>50 mm), LoA20 (50-15 mm), LoA30 (15-5 mm), LoA40 (5-1 mm) und LoA50 (1-0 mm) auf einem 95 % Konfidenzintervall definiert (Clemen 2019) (Abb. 2.2).

Tab. 2.2 LoD Ausarbeitungsgrade

Detailgrad	Beschreibung
LoD100	Das Modellelement wird sehr vereinfacht mithilfe eines Symbols oder einer generischen Repräsentation dargestellt. Des Weiteren werden wesentliche Eigenschaften definiert, die für die Vorplanung (konzeptionelle Planung) erforderlich sind
LoD200	Das Modellelement wird mit seiner ungefähren Position und Geometrie sowie wichtigen Eigenschaften angegeben. Ganz wesentlich sind Informationen zur Kostenberechnung, z. B. nach DIN 276
LoD300	Das Modellelement wird mit seiner genauen Position und Geometrie für die Ausführungsplanung oder Werkplanung angeben. Auf Basis dieses Modellelements kann die eigentliche Arbeitsvorbereitung erfolgen. In der Regel wird dieser Ausarbeitungsgrad auch für die Ermittlung der Mengen und das Aufstellen von Leistungsverzeichnissen verwendet
LoD400	Das Modellelement enthält alle geometrischen und alphanumerischen Informationen, die für die Erstellung oder den Umbau des Elements erforderlich sind. Hierzu gehören auch Montageanweisungen und die im Rahmen der Arbeitsvorbereitung spezifizierten Bauverfahren
LoD500	Das Modellelement repräsentiert das reale Element bezüglich Position und Geometrie. Des Weiteren werden Informationen zur Bauüberwachung und Dokumentation gespeichert
LoD600	Das Modellelement repräsentiert Informationen, die für das Facility-Management relevant sind. Gegebenenfalls kann der geometrische Detaillierungsgrad geringer sein, als bei LOD 500. (Dies ist nicht Gegenstand der Spezifikation nach BIMforum.)

Quelle: aus VDI Richtlinie 2552 Blatt 4 (2018)

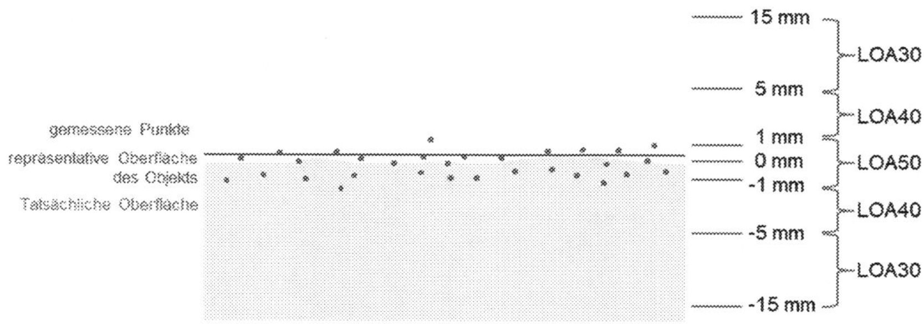

Abb. 2.2 LoA-Metrik zur Beschreibung der Zuverlässigkeit, Genauigkeit und Auflösung der Datenerfassung (rot) und der daraus abgeleiteten Oberfläche. (Quelle: eigene Darstellung in Anlehnung an USIBD U.S. 2019)

Eine einfache Übertragung der LoD Spezifikation von der Planungsphase in die Erfassung von Bestand wird von mehreren Seiten, wie beispielsweise Wollenberg (2018) und Becker et al. (2019) nicht unterstützt. Gründe hierfür sind z. B., dass nicht alle Elemente bei einer Erfassung sichtbar sind und sich auch die Anforderungen an die As-is-Modellierung am Anwendungsfall orientiert. So ist z. B. für die Modellierung komplexer Gebäudetechnik ein Mehraufwand auch in der Erfassung zu tätigen, als wenn es nur um ein grobes Modell der Architektur geht. Es wird deshalb vorgeschlagen, eine Differenzierung für BIM im Bestand als zusätzliche Klassifikation des **Level of As-is-Dokumentation** (LoAD), unter Anwendung der bereits definierten LoA, weiter zu entwickeln.

Aus der ISO 19650 gehen folgende, in Abb. 2.3 dargestellte, wichtige BIM-Dokumenten Standards hervor. Da die englischen Begriffe auch im deutschen Sprachgebrauch immer wieder verwendet werden, werden diese mit aufgeführt:

An erster Stelle stehen die **OIA,** die die Informationsbedarfe auf Unternehmensebene beschreiben. Sie beachten die übergreifenden strategischen Ziele, aber auch praktischen Vorschriften in Bezug auf die spezifische Immobiliennutzung und -verwaltung. Diese sollten nach Baldwin (2019) als erster Schritt vonseiten des Bauherrn/Eigentümers definiert sein, damit die firmenspezifischen Anforderungen in BIM-Projekten beachtet werden. Unter Projekt sind sämtliche Bautätigkeiten eines Gebäudes zu verstehen, also Neubau, Umbau, Erweiterungen oder Sanierungen. Die Projektanforderungen werden aus den

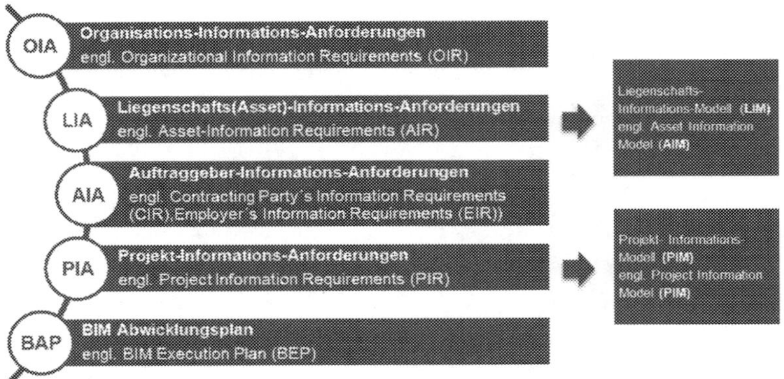

Abb. 2.3 BIM-Dokumenten Standards. (Quelle: eigene Zusammenstellung auf Grundlage der ISO 19650)

LIA und den PIA abgeleitet. In den **LIA** werden detaillierte Informationen festgehalten, die zur Nutzung und Verwaltung einer Liegenschaft benötigt werden. Diese beschreiben sozusagen den Inhalt eines **LIM.** In den **PIA** werden Informationen dargelegt, die ein Eigentümer oder Betreiber bei Durchführung eines Projekts einer Liegenschaft benötigt und erwartet.

Die **AIA** beziehen sich auf die PIA. In den AIA werden die Informationen festgehalten, die während der Projektentwicklung, also in der Planungs- und Ausführungsphase, zwischen den beteiligten Parteien ausgetauscht werden. Die AIA beschreiben die vertragsrelevanten Vorgaben (BIM-Pflichtenheft) für die Auftragnehmer, die in der BIM-Abwicklung einzuhalten sind. Sie legen die vertraglichen Komponenten zur Erstellung eines **PIM** fest. Der **BAP** wird vom Projektteam aufgestellt. Es wird definiert, wie das Team BIM im vorliegenden Projekt zum Einsatz bringen will. Der BAP basiert auf dem bauherrenseitigen BIM-Lastenheft. Die VDI Richtlinie 2552 Blatt 10 beschreibt einen Standard für den Inhalt und die Struktur einer AIA und eines BAP. Diese ist seit Januar 2020 verfügbar.

Eine weitere wichtige Komponente im BIM-Prozess ist das **Informationslieferungshandbuch (IDM)** (engl. Information Delivery Manual). Dieses ist genauer in der VDI-2552-4 geregelt. Zu den Kerninhalten zählen die Beschreibung des Bedarfs und des Prozesses des Informationsaustauschs, die Definition von den beteiligten Informationssendern und -empfängern und die Definition, Spezifikation und Beschreibung der Informationen an den Gates. Es wird für weitere Informationen auf die Beschreibungen in der genannten Richtlinie verwiesen.

▶ Für den Geodäten sind insbesondere die AIA wichtig zu betrachten, da hier Angaben zum Projektbasispunkt, zum Koordinatenreferenzsystem und zu den Transformationsparametern zwischen dem übergeordneten Referenzsystem und dem Projektkoordinatensystem gemacht werden sollten. Die Aufgaben, Verantwortlichkeiten und Rollen des GIS-Experten und Geodäten sind explizit in den AIA zu definieren, vor allem, wenn diverse Datenquellen, wie amtliche Katasterdaten, Daten aus bestehenden Plänen, Unternehmensdaten etc. herangezogen werden. Weiter sind durch den Auftraggeber Angaben zur Bestandsdokumentation („as-is"- Grundlagenmodell) und zur Baustellendokumentation, -abnahme („as-built") zu machen. Es ist für die weitere Kollaboration wichtig, ob die durch den Geodäten erstellten Grundlagenpläne (Bestandspläne, Topografische Pläne) im Koordinationsmodell referenziert werden oder, ob andere

BIM Autoren Objekte geometrisch oder semantisch umstellen und abändern dürfen. Ebenso sind in den AIA Angaben zur Genauigkeit, Zuverlässigkeit, Aktualität, Koordinatendimension (2D/3D), Objektdimension (Punkt, Linie, Fläche, Körper), Positionierung (relativ vs. absolut) und zur Georeferenzierung zu machen (Clemen 2019).

BIM-Normen

Warum ist Standardisierung in der Zusammenarbeit überhaupt notwendig? Wenn es darum geht, Informationen aus verschiedenen Datenquellen und Datenformaten zu erstellen, spielt die Interoperabilität der Daten eine zentrale Rolle. Wie bereits im Abschn. 2.2 ausgeführt, gibt es zahlreiche Initiativen auf nationaler und internationaler Ebene, die Standardisierungen voranzutreiben. Vorab ist es jedoch wichtig zu verstehen, was sich hinter den Begriffen closed und open BIM steckt. Danach wird eine Übersicht der wichtigsten Gremien, Normen (s. Tab 2.3) und Verbände auf nationaler und internationaler Ebene gegeben.

Closed und open BIM

Die Abgrenzung zwischen **closed** und **open** BIM lässt sich mit dem Schreiben und Publizieren eines Dokuments vergleichen. Grundsätzlich kann jedes Dokument in einer dafür vorgesehenen Software verfasst werden, wie beispielsweise MS-Word, Apple-Page o. ä. Gewöhnlicherweise werden die fertigen Dokumente aber nicht in diesem nativen Format ausgetauscht, sondern in einem PDF-Format. Dies ermöglicht es dem MS-Word-Nutzer ein durch einen Apple-Page-Nutzer erstelltes Dokument zu lesen und umgekehrt. Das PDF-Format ist also ein offenes Format (open). Darüber hinaus ist ein PDF-Dokument durch den Empfänger auch nicht ohne weiteres zu ändern. Dies bedarf der Zustimmung des Verfassers oder der Versendung des Dokuments im nativen Format, also im geschlossenen (closed) Word-Format. Diese Kategorisierung kann auf BIM in derselben Weise angewendet werden. Zunächst wird ein 3D-Modell in einem nativen, beispielsweise in einem Autodesk-Revit- Format, erstellt. Wird diese Datei an einen weiteren Projektbeteiligten geschickt, so ist dies ein geschlossener Datentransfer. Wird die Datei in ein nichtproprietäres Format umgewandelt, wie beispielsweise in das derzeit vorherrschende IFC-Format, kann von einem openBIM-Datenaustausch gesprochen werden. Der Empfänger der IFC-Datei kann also auch ohne die Verfügbarkeit von Autodesk-Revit die Datei einsehen.

Diese Unterscheidung in open und closed BIM kann jedoch auch missverständlich werden, da Modelldaten zumeist in einem proprietären Format gefertigt werden, wie in Autodesk-Revit, Graphisoft-ArchiCad oder Bentley-Microstation und dann in einem offenen Format ausgetauscht werden. Es kann deshalb also nicht von einem geschlossenen Prozess im eigentlichen Sinn die Rede sein, da jedes native Format in ein offenes Format umgewandelt werden kann. Baldwin (2018) legt deshalb nahe, von einem nativeBIM-Prozess zu sprechen, wenn in propriäteren Formaten gearbeitet wird und von openBIM zu sprechen, wenn im größeren Rahmen in einem openBIM-Format die Daten austauscht werden (Baldwin 2018).

Grundsätzlich werden Normen zu BIM durch das **Deutsche Institut für Normung (DIN)** in Kooperation mit VDI und dem deutschen Ableger von BuildingSMART erarbeitet. Internationale Richtlinien müssen dabei jedoch beachtet und übernommen werden. Auf europäischer Ebene werden diese durch das **Technische Komitee (TC 442) des CEN** erstellt und weltweit durch **die Internationale Organisation für Normung (ISO)** in der Organisationseinheit TC59 „Buildings and civil engineering works" und SC13 „Organization of information about construction works" (Blankenbach und Clemen 2019).

ISO 19650 und VDI 2552

Die internationale Richtlinie **ISO 19650** ist eine der zentralen BIM-Richtlinien. Sie ist in weiten Teilen aus der englischen PAS (1192-2) zum Informationsmanagement in der Planung und der Ausführung übernommen worden. In Deutschland wird diese internationale Norm durch weitere nationale Richtlinien ergänzt. Dabei ist insbesondere die **Richtlinie 2552 „Building Information Modelling"** des VDI zu nennen. Im Rahmen eines Koordinierungskreises BIM (KK-BIM) wurden in elf verschiedenen Blättern ein normativer Rahmen für BIM geschaffen. Zur gemeinsamen Datenumgebung für BIM-Projekte kann auch die DIN SPEC 91391 betrachtet werden (Schapke 2019).

Das DIN ist derzeit auch im weiteren Aufbau einer DIN BIM Cloud (s. https://www.din-bim-cloud.de/), die als Wissensdatenbank für standardisierte Bauteileigenschaften inklusive der Verknüpfung zur internationalen und nationalen Baunormwelt für alle am Bau beteiligten Akteure dienen soll. Dazu gibt es eine DIN BIM Cloud Community, durch die die Inhalte fachlich mit den Regeln der Technik zusammengeführt werden sollen und eine BIM Content Bibliothek mit menschen- und maschinenlesbaren Inhalten. Es gibt dabei eine Verbindung zum Standardleistungsbuch (STLB-Bau) und weiteren externen Klassifikationen, wie die DIN 276 und dem IFC (DIN Bauportal GmbH – Dynamische BauDaten – 2019).

International sind darüber hinaus noch die ISO TC 184/SC4 (IFC), PAS 1102-2 (Informationsmanagement), PAS 1192-2 (Planen und Bauen), PAS 1192-3 (Betrieb von Gebäuden), PAS 1192-4 (kollaborative Erstellung von Informationen), PAS 1192-5 (sicherheitsrelevante Gebäudeinformationsmodellierung, digitale Gebäudeumgebung und intelligentes Gebäudemanagement) zu nennen.

Tab. 2.3 Ausgewählte relevante internationale Normen und nationale Richtlinien

Norm	Kurzbeschreibung
DIN EN ISO 19650-1	Begriffe und Grundsätze
DIN EN ISO 19650-2	Planungs-, Bau- und Inbetriebnahmephase
DIN EN ISO 19650-3	Betriebsphase der Assets
DIN EN ISO 19650-5	Spezifikation für Sicherheitsbelange von BIM, der digitalisierten Bauwerke und des smarten Assetmanagements
DIN EN ISO 16739	IFC
DIN EN ISO 16739-1	IFC
DIN EN ISO 29481-1	Software Interoperabilität
DIN EN ISO 29481-2	Koordination der Beteiligten
E DIN EN 17412	Definitionsgrade
VDI 2552 Richtlinie Grundlegende Konzepte	
VDI 2552 – Blatt 1	Grundlagen
VDI 2552 – Blatt 2	Begriffe/Glossar
VDI 2552 – Blatt 3	Mengenermittlung, Terminplanung, Vergabe und Abrechnung
VDI 2552 – Blatt 4	Datenaustausch
VDI 2552 – Blatt 5	Datenmanagement
VDI 2552 – Blatt 6	Facility Management
VDI 2552 – Blatt 7	Prozesse
VDI 2552 – Blatt 8.1	Qualifikationen – Basiskenntnisse
VDI 2552 – Blatt 8.2	Qualifikationen – Erweiterte Kenntnisse
VDI 2552 – Blatt 9	Klassifikationen Bauteile
VDI 2552 – Blatt 10	Auftraggeberinformationsanforderungen (AIA) und BIM- Abwicklungsplan (BAP)
VDI 2552 – Blatt 11	Informationsaustauschanforderungen
VDI 2552 – Blatt 11.3	Informationsaustauschanforderungen Schalungs-und Gerüsttechnik (Ortbeton-bauweise)

Quelle: eigene Zusammenstellung

2.5 BIM-Arbeitsweisen

Wie aus den Definitionen bereits hervor geht, ist eines der zentralen Aspekte bei der Anwendung von BIM die fortlaufende Verwendung von dreidimensionalen Modellen durch alle am Projekt beteiligten Akteure. Damit die Zusammenarbeit zwischen den Fachplanern und beteiligten Akteuren gelingt, ist es notwendig, klare, vertraglich festgehaltene und koordinierte Regeln für den Datenaustausch auf technologischer und organisatorischer Ebene zu definieren. Hierfür gibt es auf internationaler und nationaler Ebene bereits erarbeitete Standards und Richtlinien, auf die zurückgegriffen werden kann (s. Abschn. 2.3) (Schapke 2019). Ziel dieses Teilabschnitts ist es, einen kurzen Einblick in die Voraussetzungen einer neuen Art der Zusammenarbeit zu geben und aufzuzeigen, was sich durch BIM verändert.

Grundsätzlich geht es nicht zwingend um mehr Zusammenarbeit, sondern um eine verbesserte digitale Kollaboration. Pilling (2019) vergleicht ein BIM-Projekt mit einem Orchester, das einen Dirigenten benötigt, jeder aber sein Instrument auch allein beherrschen sollte. Die Melodie ist am Ende davon abhängig, wie gut jeder sein eigenes Instrument beherrscht, aber vor allem auch davon, wie die Musiker gemeinsam harmonieren. Dies ist mit einem BIM-Projekt vergleichbar, da auch hier jeder seine Disziplin beherrschen sollte, der Erfolg eines Projekts aber maßgebend von einem richtigen Zusammenspiel aller abhängt. Voraussetzung für ein Planen, Bauen und Betreiben 4.0 ist ein Kulturwandel hinsichtlich der Offenheit für Neues durch jeden Beteiligten, die Bereitstellung und gemeinsamen Nutzung von Daten, Softwares und Richtlinien. Alte Wege müssen teilweise verlassen werden und jeder muss sich dem BIM-Kollektiv anpassen, was von allen Beteiligten einiges an Disziplin erfordert. Derzeit gibt es häufig noch bewusstes Vorenthalten von Informationen, aus Angst vor Angreifbarkeit. BIM verhilft dabei durch eine frühe Informationsfülle zu mehr Transparenz von Beginn an. Weiter nennt Pilling (2019), dass eine Kulturwende durch die Verbindung von Knowhow, beruflicher Erfahrung, bautechnischem Verständnis und digitalem Wissen geschafft werden kann. Das Verständnis von Digitalkultur im Unternehmen und die gezielte Integration von jungen digital Natives, die einen leichteren Zugang zu technischen Innovationen haben, sollten in einem Unternehmen durch Führungskräfte und Entscheider als Chance wahrgenommen werden. Ein Mix aus Jung und Alt, analog und digital, gepaart mit einer Changemanagement-Strategie ermöglicht einen von allen getragenen Kulturwandel.

Gemeinsames Ziel von allen Beteiligten sollte es sein, die Projektziele auf eine effektive Weise zu erreichen. Die Interaktion und Interoperabilität sollte auf der gesamten Wertschöpfungskette gewährleistet sein. Einer der wesentlichen Bausteine ist ein einheitliches Datenformat als Industriestandard, damit ein offenes System gelebt werden kann, wie beispielsweise das IFC-Format. Aber wie in einem Orchester auch sollten die Rollen und Verantwortlichkeiten klar definiert sein (Pilling 2019). In der VDI Richtlinie 2552-7 sind die Rollen und Aufgabenbilder der einzelnen Projektbeteiligten beschrieben. Es wird in der Richtlinie empfohlen die Rollenbilder vertraglich in einem Gesamtprozessplan und/oder einer allgemeinen Verpflichtung festzuhalten. Der Bedarf der Implementierung der Rollen ergibt sich aus anderen BIM-Dokumenten, wie beispielsweise den AIA oder dem BAP, in welchen die Rollen, Verantwortungsbereiche, Zuständigkeiten und die Aufgaben beschrieben sein sollten. In der Richtlinie wird zwischen vier verschiedenen Rollen unterschieden:

- dem Informationsmanager (BIM-Manager)
- dem Informationskoordinator (BIM-Koordinator)
- dem Informationsautor (BIM-Autor)
- dem Informationsnutzer (BIM-Nutzer)

Das gesamte Informationsmanagement ist dabei eingebettet in einer CDE, die im Verantwortungsbereich des BIM-Managers liegt.

Der BIM-Manager

Die Aufgaben des **BIM-Managers** sind u. a. die AIA zu identifizieren und BIM-Ziele und Anwendungen zu erörtern. Ebenso sind sie über den gesamten Lebenszyklus hinweg für die organisatorischen Aufgaben zur Definition, Umsetzung, Einhaltung und Dokumentation der BIM-Prozesse verantwortlich. Das zugrunde liegende Datenmodell ist dabei stets auf Aktualität, Vollständigkeit und Qualität zu überprüfen.

Der BIM-Koordinator

Auf operativer Ebene ist der BIM-Manager eng mit dem **BIM-Koordinator** im Austausch. Dieser ist verantwortlich für die Definition und Koordination der einzelnen Zuständigkeitsbereiche, die durch die BIM-Prozesse und die BIM-Anwendungen festgelegt wurden. Der BIM-Koordinator prüft die vertraglich festgelegte Qualität des Datenmodells, den reibungslosen Datenaustausch und gibt die durch die BIM-Autoren erstellten Fach- und Teilmodelle in definierten Intervallen frei.

Der BIM-Autor

Die **BIM-Autoren** haben sich in der Erstellung der Fachmodelle an die vertraglich vereinbarte Qualität, die zeitlichen Vereinbarungen und an die BIM-Standards im Rahmen der BIM-Prozesse zu halten. Ihnen obliegt die Datenhoheit über die von ihnen erstellten Fach- und Teilmodelle.

Der BIM-Nutzer

Der **BIM-Nutzer** erstellt selbst keine Informationen, die er ins Datenmodell einspeist, sondern extrahiert nur die für seinen Zweck benötigte Daten (VDI Richtlinie 2552-7 2019).

Neben dieser Richtlinie gibt es in der Praxis unterschiedliche Vorstellungen und Ansätze der verschiedenen Rollen und welche Verantwortungen diesen Rollen zukommen. So nimmt Pilling (2019) beispielsweise noch weitere Abstuftungen vor.

> Rollen, Verantwortlichkeiten und Aufgaben sind zwingend in jedem BIM-Projekt zu definieren, zu dokumentieren und zu kommunizieren, damit alle die gleiche Vorstellung ihrer Verantwortungsbereiche haben.

Damit die zukünftige Generation ein besseres Verständnis für BIM erhält, fordert nicht nur Pilling (2019) einen „Runden Tisch" zur BIM-Methodik an jeder Hochschule. Das derzeitige System der Hochschulen wird dem integralen Ansatz von BIM noch nicht gerecht. Einzelne Hochschulen sind dabei weiter als andere. Stimmen, dass man noch nicht wisse, ob BIM sich durchsetze, sind aber nach wie vor stark vertreten. Ziel sollte es sein, fakultätsübergreifend Module anzubieten, um die Denkweise und das Verständnis der verschiedenen Fachbereiche auch an den Hochschulen bereits näher zu bringen. Ähnliches wird auch durch das Kompetenzzentrum Planen und Bauen festgestellt. BIM-Inhalte seien in den Hochschulen nur unzureichend integriert und es gibt derzeit keinen standardisierten BIM-Curricula an den Hochschulen. Es sei aber wichtig, dass Studenten die Werkzeuge beherrschten und das Prozesswissen der kollaborativen Art der Leistungserbringung verstehen. Studiengänge sollten demnach flächendeckend BIM-fit gemacht werden (Mittelstand 4.0-Kompetenzzentrum Planen und Bauen 2019).

Darüber hinaus kann diese neue Art des Miteinanders auch das Image der gesamten Branche wieder anheben und auch für digital Natives wieder interessanter werden, insbesondere wenn es um die Fragestellungen der Zukunftsfähigkeit eines Berufes geht. In anderen Ländern, wie beispielsweise in

UK, gibt es bereits Angebote zu einem Master of Science in Building Information Modeling Management, Building Design Management und Building Information Modeling.

Der Erfolg und die Verbreitung von BIM in der gesamten Immobilienbranche ist auch sehr stark vom Zuspruch der verschiedenen Nutzergruppen abhängig. Deshalb sind über die Hochschulen hinaus interdisziplinäre und unabhängige Schulungsangebote notwendig, weil auch trotz langjähriger Zusammenarbeit die neue Nähe zu anderen Disziplinen gelernt werden muss. Wichtig ist bei den Schulungsangeboten darauf zu achten, dass Qualitätsanforderungen eingehalten werden. In UK, Norwegen und Südkorea existieren bereits aufeinander aufbauende und etablierte BIM-Curricula. Erste Schritte sind auch in Deutschland durch buildingSMART und dem VDI (Richtlinie 2552-8) gemacht, auch hier Qualifikationsrichtlinien zu definieren. Dieses Programm sieht einen zweistufigen Modulaufbau vor, beginnend mit dem „Individual Qualification" BIM-Basiswissen Modul und aufbauend mit dem „Professional Certification". Auch eLearning Plattformen mit entsprechender Zertifizierung sind insbesondere für das BIM-Basiswissen, aber auch für regelmäßige Updates mögliche Zugänge zu BIM-Schulungsangeboten (Pilling 2019).

Technologisch wird die neue Art der Zusammenarbeit durch das **BIM Collaboration Format (BCF)** unterstützt. Das BIM- Kollaborationsformat BCF ist speziell für die Kommunikation und verbesserte Kollaboration in BIM-Projekten entwickelt worden. Gewöhnlicherweise ist der Arbeitsablauf in einem BIM-Projekt wie folgt: das Modell wird in einem nativen Format erstellt. Es erfolgt ein Export als IFC-Format und wird durch den BIM-Koordinator geprüft oder es werden z. B. mit anderen Fachmodellen Kollisionsprüfungen durchgeführt. Werden dabei Probleme festgestellt, bleiben zwei Optionen. Die komplette IFC-Datei mit sämtlichen Fachmodellen wird an die Projektbeteiligten zurückgeschickt oder es wird ein PDF-Bericht mit allen Problemen erstellt. Das BCF knüpft an dieser Stelle an und schafft dadurch Abhilfe, dass eine BCF-Datei erstellt wird, die nur relevante Schnappschüsse des Modells enthält. In diesen BCF-Dateien sind die betreffenden Objekte, Anmerkungen, eine Angabe zur verantwortlichen Person und der Bearbeitungsstand enthalten. Diese Dateien können einfach zwischen der Koordinations- und Modellierungssoftware versendet werden und es ist ebenso möglich, die Datei dann zu aktualisieren, wenn ein Problem gelöst werden konnte oder wenn eine weitere Stelle bei der Problemlösung beteiligt werden sollte (Baldwin 2018).

Zusammenfassung Kap. 2

Im BIM-Grundlagen Kapitel wurden wichtige Aspekte zur BIM-Definition, den Bausteinen, den BIM-Anwendungen, Normen und dem neuen kollaborativen Arbeiten aufgezeigt. Die gemeinsame Herangehensweise an ein BIM-Projekt, klare Regeln zur Datenübergabe und eine offene kommunikative Art des Zusammenarbeitens sind nur einige wichtige Aspekte, um die BIM-Methodik erfolgreich einführen und anwenden zu können. ◀

BIM im Kontext geodätischer Praxis 3

Die vielfältigen Potenziale und neue Chancen, die sich durch BIM ergeben, werden zunehmend auch das Vermessungswesen und die Arbeitsweise des Geodäten beeinflussen. Im Zuge geodätischer Praxis ist erkennbar, dass BIM-basierte Projekte zunehmen. Es wird jedoch immer wieder deutlich, dass noch sehr viel Unsicherheit im Umgang mit BIM herrscht und oftmals überwiegt noch die Skepsis. Eine weitere Schwierigkeit, die im Zuge von BIM-Projekten ebenfalls immer wieder auftaucht, ist, dass häufig in der Planungs- und Bauausführungsphase erste gute BIM-Prozesse gelebt werden, die Bestandsphase und die Nutzung der Information für das Facility Management nicht von Beginn an mit bedacht wird und somit nach der Fertigstellung eines Objektes die wertvollen Informationen, die bereits angesammelt wurden, nicht adäquat in ein Facility Management System überführt werden. Die vollen Potenziale, die durch BIM entstehen können, werden deshalb aus verschiedenen Gründen häufig nicht ausgeschöpft. Eine der zentralen Chancen der Geodäten besteht deshalb darin, sich im BIM-Umfeld Expertisen aufzubauen und dem Kunden Leistungen über das klassische Dienstleistungsspektrum eines Geodäten hinaus anzubieten. Durch die Herausgabe des Leitfaden Geodäsie und BIM des DVWs in seiner ersten Version im Jahr 2017, wurde ein erster offensiver Schritt in die richtige Richtung unternommen und aufgezeigt, dass die Expertise des Vermessungsingenieurs in einem BIM-Projekt benötigt wird. Auch die Aktualisierung aus dem Jahr 2019 zeigt, dass es weitere rasante technologische Entwicklungen gibt, die es nun aus geodätischer Sicht zu evaluieren gilt (Kaden und Seuß 2019). Auch Pilling (2019) zeigt in seiner Ausführung über die Vorteile von BIM auf, dass im Bereich Vermessung neue Geschäftsbereiche erschlossen werden können, wie beispielsweise die Integration von BIM und GIS-Daten oder die Erstellung von Punktwolken für die Bestandserfassung oder für Kontrollmessungen.

B. Messmer und G. Austen, *BIM – Ein Praxisleitfaden für Geodäten und Ingenieure,* essentials, https://doi.org/10.1007/978-3-658-30803-2_3

- BIM bietet für das Vermessungswesen diverse Chancen neue Geschäftsfelder zu erschließen und die digitale Transformation der Baubranche aktiv mit zu gestalten.

3.1 Heutige geodätische Aufgaben

In Deutschland werden derzeit die geodätischen Vermessungsleistungen u. a. in der Honorarordnung für Architekten und Ingenieure (HOAI) aus dem Jahr 2013 durch die Leistungsphasen beschrieben. In der HOAI Anlage 1 Nr. 1.4.1. werden die Dienstleistungen der Ingenieurvermessung definiert, ebenso in ähnlicher Weise in der DIN 18710 Teil 1 bis 4. Dabei wird der Ingenieurvermessung neben der Aufnahme und Absteckung auch die Überwachung von baulichen Anlagen und ihren Bestandteilen zugeschrieben (DIN 2010).

Zusammengefasst zeigt Abb. 3.1 die Aufgaben der Ingenieurgeodäsie. Zur Aufnahme zählt die Erfassung relevanter raumbezogener Daten und die Erstellung von vermessungstechnischen Lage- und Höhenplänen. Die Übertragung von Plandaten und die Dokumentation der Übertragung werden der Absteckung zugeordnet. Zur Überwachung gehört die Planung und Konzeption anhand geeigneter Messverfahren von Überwachungsmaßnahmen, die Durchführung, Auswertung und die Dokumentation.

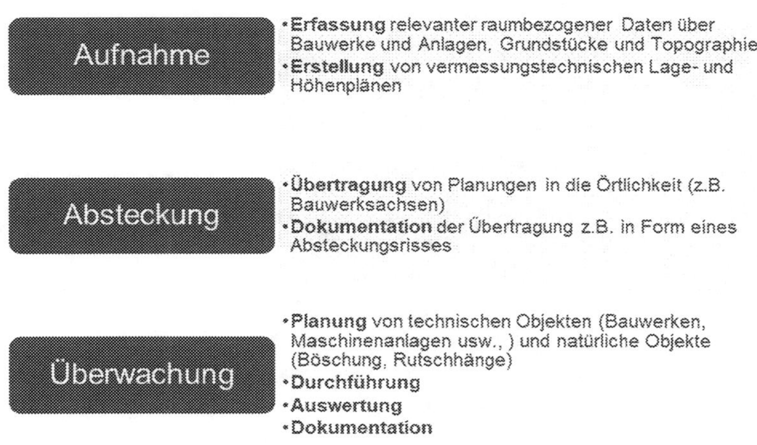

Abb. 3.1 Heutige Aufgaben der Ingenieurgeodäsie nach DIN 18710. (Quelle: Eigene Darstellung in Anlehnung an DIN, 2016)

Über die Ingenieurvermessung hinaus spielt aber auch die Geoinformation eine zunehmende Rolle, die das Aufgabenspektrum des Geodäten bereits seit mehreren Jahren erweitert hat. Diese ist unter anderem in der DIN EN ISO 19101 genauer beschrieben. In dieser Norm geht es u. a. um die Standardisierung von geografischen Informationen. Diese Standardisierung schließt die Interoperabilität geografischer Informationen, die wesentlichen Datenformate für räumliche und zeitliche Informationen, die Regeln des Modells, die Semantik von realen Phänomenen, Metadaten und Dienstleistungen ein. Um diese Aufgabe der Standardisierung in einer konsistenten und integrierten Weise durchführen zu können, ist ein Referenzmodell notwendig. Ein Referenzmodell der geografischen Information enthält einen umfassenden Überblick der Elemente (Kurzbeschreibungen), die den Bereich der geografischen Informationen betreffen und wie diese in einer Wechselbeziehung zueinanderstehen. Eines der Hauptziele dieses Referenzmodells ist es, die Interoperabilität der geografischen Informationen, des Adresssystems, der Syntax, der Struktur und der Semantik zu erläutern (DIN 2016). Wie diese Beschreibung zeigt, beschäftigt sich die Geodäsie seit längerem mit den Herausforderungen der Interoperabilität von Daten. Ebenso eines der zentralen Herausforderungen bei BIM-Projekten.

3.2 BIM in der geodätischen Praxis

Werden nun die beschriebenen Tätigkeiten aus dem vorherigen Kapitel aus dem Blickwinkel des Lebenszyklus eines Gebäudes betrachtet und mit den 24 BIM Anwendungen aus Abschn. 2.2 zusammengeführt, können in den drei generischen Phasen, der Planungs-, Bau- und Betrieb/Bestandphase schon heute dem Vermessungsingenieur 17 konkrete BIM-Aufgaben zugeschrieben werden. Tab. 3.1 zeigt diese Aufgaben mit einer Zuteilung in die Phasen, der Tätigkeit, einer kurzen Beschreibung und die Mehrwerte, die durch den Geodäten erzeugt werden, auf.

Eine wesentliche Rolle spielt in allen Phasen die Beratung und die gezielte Frage vonseiten des Geodäten, welche Informationen und welcher Detailierungsgrad zu erfassen ist. Dies bedeutet aber nicht nur eine Angabe zur Genauigkeit der Messung, sondern auch, welche Objektklassen in welcher Genauigkeit zu welcher Phase aufgenommen werden sollen. Der Auftraggeber hat in einem BIM-Prozess dabei die Pflicht, sein Informationsbedarf in den verschiedenen Phasen klar zu definieren. Dabei gilt es, zwischen der Genauigkeit des Modellierens und der Genauigkeit des Aufmaßes zu unterscheiden, wie bereits in Abschn. 2.4 beschrieben. Die Rolle des BIM-Koordinators, wie sie in Abschn. 2.5 beschrieben

Tab. 3.1 BIM-basierte geodätische Tätigkeiten entlang des Lebenszyklus eines Gebäudes

#	Lebens-zyklus-phase	Tätigkeit	Beschreibung Aufgabe	Mehrwert
1	Alle	Beratung, Datenmanagement, Einnahme Rolle als BIM-Koordinator	Beratung im Bereich BIM-Strategie, CDE, Prüfung BIM-Dokumenten Standards insb. Gates, Optimierung Interoperabilität sämtlicher Daten mit/ohne geografischem Raumbezug	Strukturierter Datenbankaufbau, Minimierung von Datenschnittstellen und Fehlerquellen, Qualitätssicherung
2	Planung	3D-Datenzusammenführung und -aufbereitung	Informationsbeschaffung und Aufbereitung/ Digitalisierung/Transformation aller für die Planung relevanter Daten (z. B. Bestandspläne, B-Pläne, amtliche und örtliche Vermessungsgrundlagen → AAA [ALKIS, AFIS, ATKIS], neue 3D Daten, Zusammenführung unterschiedlicher Referenzsysteme in ein geodätischen Raumbezug, Leitungspläne, Google-Daten, etc.)	Einheitliche Datengrundlage, Ist-Analyse was vorhanden ist und was zusätzlich zu erfassen ist, um Informationsanforderungen für weitere Planung zu erfüllen
3	Planung	Standortanalyse, Zusammenführung BIM und GIS Daten	Datenzusammenführung und Überprüfung	Kollisions- und Möglichkeitsprüfung im Voraus → Kosten- und Zeitersparnis
4	Planung	3D-Datenerfassung	3D-Erfassung von Bauwerken und Anlagen, Grundstücke und Topographie, DGM für Kubatur	Zuverlässige, genaue, aktuelle und strukturierte Datengrundlage, für Kubatur: Urgelände und Abtrag
5	Planung	3D-Planerstellung/ Modellierung	Je nach Anforderungen des Informationsbestellers (aus BIM-Dokumenten Standards ersichtlich) Erstellung 3D-Plan oder 3D-Modell aus Einzel- oder Massenpunkte	Zuverlässige Planungsgrundlage → Grundlagenmodell für alle weiteren Fachmodelle (s. VDI-2552-4)

(Fortsetzung)

Tab. 3.1 (Fortsetzung)

#	Lebens-zyklus-phase	Tätigkeit	Beschreibung Aufgabe	Mehrwert
6	Planung	Visualisierung	Datenaufbereitung für Visualisierungszwecke je nach Zielsetzung der Visualisierung	Verbesserung Kommunikation
(7)[a]	Planung	Erstellung Lageplan zum Baugesuch	Unter Beachtung der rechtlichen Vorschriften (z. B. LBO) Erstellung des amtlichen Lageplans zum Baugesuch, Extraktion aller für die Erstellung des Lageplans relevanten Informationen aus 3D-Modell	Einhaltung rechtl. Vorschriften, Qualitätssicherung in der Erstellung des Lageplans zum Bauantrags
8	Bau	Qualitätssicherung von Bauteilen (Spezial-anfertigungen)	Überprüfung von Bauteilgeometrien nach Herstellung und Vergleich mit 3D-Soll-Modell, Laserscanning als Teil des Herstellungsprozesses	Qualitätssicherung, Kostenersparnisse
9	Bau	Erstellung geodätischer Raumbezug	Erstellung eines spannungsfreien Festpunktfeldes und Kontrollpunkte	Genauigkeit und Zuverlässigkeit
10	Bau	Maschinensteuerung	Datenaufbereitung für Maschinensteuerung	Daten können durch Maschinen gelesen werden (benötigen zusammenhängende Daten, keine Punktdaten) → Automatisierung und Genauigkeitssteigerung auf Baustelle
11	Bau	Absteckungen	Angabe Achsen, Schnurgerüst, Meterrisse, Achsen für Fassade, Spezialanfragen	Genauigkeit und Zuverlässigkeit, Durchführung des Bauvorhabens nach Planung

(Fortsetzung)

Tab. 3.1 (Fortsetzung)

#	Lebens-zyklus-phase	Tätigkeit	Beschreibung Aufgabe	Mehrwert
12	Bau	Baukontrolle	Regelmäßige Überprüfung des Baufortschritts, Kubatur (Erdmassenberechnung)	Kontrolle und Möglichkeit des rechtzeitigen Einschreitens/Umplanens bei Fehlausführungen → Kosteneinsparungen
13	Bau/Bestand	Überwachung/Deformation	Planung, Durchführung, Auswertung und Dokumentation von technischen Objekten (Bauwerken, Maschinenanlagen usw.) und natürliche Objekte (Böschung, Rutschhang), Setzungen von z. B. Bauteilen, Erdreich	Kontrolle, fundierte Beweisgrundlage im Falle von Schäden und gerichtlichen Auseinandersetzungen
14	Bau	Bauabnahme	Abnahmekontrolle, EFH-Kontrolle, Lagebescheinigung	Kontrolle
15	Bestand	As-Built – 3D-Erfassung	Siehe 4	
16	Bestand	3D-Planerstellung/Modellierung	Siehe 3 & 5	
17	Bestand	Flächenberechnungen und Spezialanfragen	Spezielle Analysen im 3D-Modell auf Grundlage von Vorschriften, wie z. B. GIF	Genauigkeit und Zuverlässigkeit

Quelle: Eigene Zusammenstellung
[a]Derzeit auf Grund der gesetzlichen Vorgaben nicht effizient in BIM-Prozess integrierbar

wurde, kann durchaus eine neue Rolle sein, die der Geodät in BIM-Projekten annehmen kann. Aufgrund seiner Erfahrung mit der geografischen Datenverarbeitung, Datenbanken und dem neu gewonnenen BIM-Prozesswissen ist er in der Lage, sich an dieser Stelle stärker einzubringen.

Es handelt sich, wie eingangs beschrieben, bei BIM um einen dreidimensionalen Ansatz, sodass sich daraus ergibt, dass es bei der Erfassung raumbezogener Daten, der Konsolidierung sonstiger Informationen, wie beispielsweise bestehender Pläne, das Ergebnis immer eine 3D-Plangrundlage sein sollte bzw. sollte diese mindestens so aufbereitet sein, dass eine einfache Erweiterung um eine weitere Dimension ohne großen Aufwand möglich ist. Der Geodät liefert also generell für die Planungsphase den Mehrwert einer (geo-)referenzierten, aktuellen und strukturierten Planungsgrundlage. In der VDI Richtlinie 2552 Blatt 4 wird diese Planungsgrundlage als Grundlagenmodell für alle anderen Fachmodelle beschrieben. Alle Anforderungen sollten im Voraus transparent sein. Das Grundlagenmodell enthält alle geometrischen und georeferenzierten Erkenntnisse für das Modell und das gesamte Projekt. Dazu zählen laut Richtlinie: *„die Festlegung der lokalen Projektkoordinaten mit Projektnullpunkt, der als Nullpunktkörperbauteil eingeht, sowie die Konstruktionsebenen, eventuell auch die Geländeform und Baugrundeigenschaften, Grundstücksgrenzen, Erschließungsdaten und weitere Angaben"* (VDI Richtlinie 2552-4 2018). Weiter wird die bereits genannte nachvollziehbare Georeferenzierung genannt, sodass ein bidirektionaler Austausch zwischen dem Projektkoordinatensystem (PCS) und geodätischen Koordinaten einfach möglich ist. Dem Grundlagenmodell folgen dann die Fachmodelle der Fachplaner (VDI Richtlinie 2552-4 2018). In diesem Essential wird nicht weiter auf die Georeferenzierung eingegangen. Es wird vielmehr auf bereits existierende Beiträge verwiesen, wie z. B. von Kaden und Clemen (2017) oder Blankenbach (2019). Zusammenfassend kann daraus gesagt werden, dass sowohl die Abbildungsverzerrung und die Höhenreduktion vor allem in der Planungs- und Bauphase, aber auch im Bestand eines Gebäudes bei der Anwendung von BIM Beachtung finden müssen. Es gilt aber nochmals zu unterscheiden, ob es sich um ein eher klein angelegtes Projekt im Hochbau oder um ein Infrastrukturprojekt handelt, das sich ggf. über mehrere Kilometer und somit über einen großräumigen Bereich erstreckt. Im Hochbau können die beschriebenen Einflussfaktoren tendenziell eher vernachlässigt werden, sollten aber daraufhin überprüft werden. Wohingegen bei einem Infrastrukturprojekt die mathemischen und physikalischen Einflüsse zwingend beachtet werden müssen. BIM arbeitet immer in einem Maßstab von 1, also in einem lokalen kartesischen System. Die Vermessung und die GIS-Welt arbeiten in einem räumlichen, meist globalen Referenzsystem in 2,5D bis 3D mit einem Maßstab ungleich 1 (Blankenbach 2019).

Während der Bauphase ist vor allem die Bauvermessung vor und während des Baus, aber zunehmend auch die As-Built Kontrolle, relevant. Bei der BIM-basierten Absteckung kann zwischen zwei verschiedenen Herangehensweisen unterschieden werden (siehe Abb. 3.2). Ein Arbeitsprozess geht davon aus, dass die abzusteckenden Einzelpunkte aus dem 3D-Modell über ein Plugin (wie z. B. Autodesk PointLayout) in eines für das Tachymeter lesbares Format exportiert werden. Auf dieselbe Weise funktioniert dann auch wieder das Einfügen der abgesteckten Punkte (Absteckprotokoll). Diese Herangehensweise ist ähnlich zur bisherigen Arbeitsweise. Die zweite Alternative geht davon aus, dass ein relevanter Auszug aus dem BIM in einem nativen oder offenen Format in die Vermessungsgerätesoftware übertragen wird. Dadurch ist das 3D-Modell beispielsweise auf dem Tablet zu sehen, die abzusteckenden Elemente können ausgewählt und direkt vor

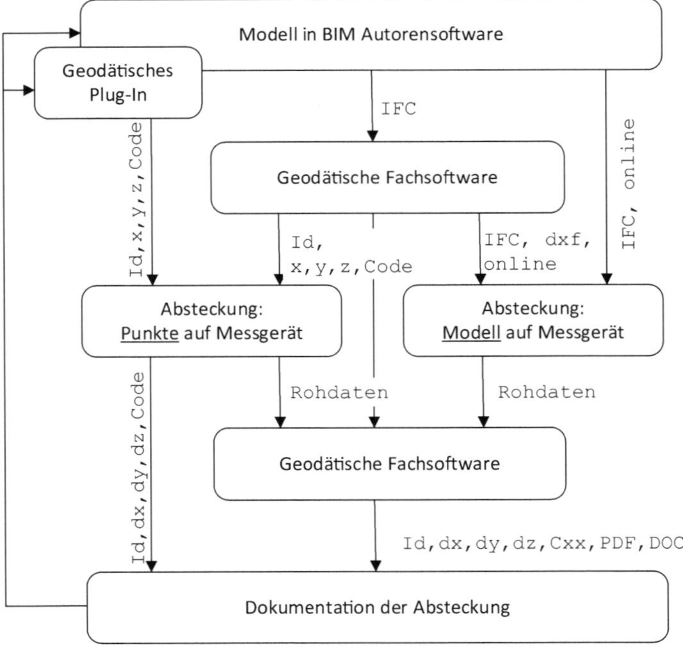

Abb. 3.2 Möglichkeiten der BIM-basierten Absteckung. (Quelle: Becker et al. 2019)

Ort abgesteckt werden. Gleichzeitig erfolgt eine Protokollierung der abgesteckten Punkte. Da schon heute aufgrund der zunehmenden Komplexität von Bauvorhaben immer wieder weitere Informationen und Angaben auf Baustellen benötigt werden, kann davon ausgegangen werden, dass sich die Absteckung in diese Richtung weiterentwickeln wird (Becker et al. 2019).

Eine weitere zunehmende Tätigkeit eines Geodäten kann auch die Qualitätssicherung von Spezialbauteilen oder besonderen Bauteilen als Teil des Herstellungsprozesses sein. So wurden beispielsweise im Zuge der Herstellung der Schalungsbauteile für die Kelchstützen für das Bauprojekt Stuttgart 21 Geodäten zur Qualitätssicherung herangezogen. Die Bauteile wurden nach dem Fräsen gescannt und mit dem Soll-Modell verglichen. Die Anforderungen an die Genauigkeit waren nach der DIN 18202 im Bereich von ±5 mm (Früh 2019). In der Bauphase können durch die Tätigkeiten des Geodäten also die Zuverlässigkeit und Genauigkeit sowie die Kontrolle einen Mehrwert zur Kosteneinsparung und Qualitätssicherung liefern.

In der Betriebsphase ist vor allem die Datenerfassung und die anschließende Modellierung von 3D-Modellen eine der zentralen Aufgaben des Geodäten. 3D-Modelle bilden eine wesentliche Grundlage für sämtliche weitere BIM-Anwendungen. Modellierungskompetenzen und ggf. weiteres Fachwissen, z. B. der Gebäudetechnik, sind hierfür allerdings eine wichtige Grundvoraussetzung.

Abb. 3.3 zeigt ein Beispiel auf, wie in einem Ingenieurbüro BIM-Tätigkeiten erarbeitet und in den BIM-Kontext gesetzt werden können.

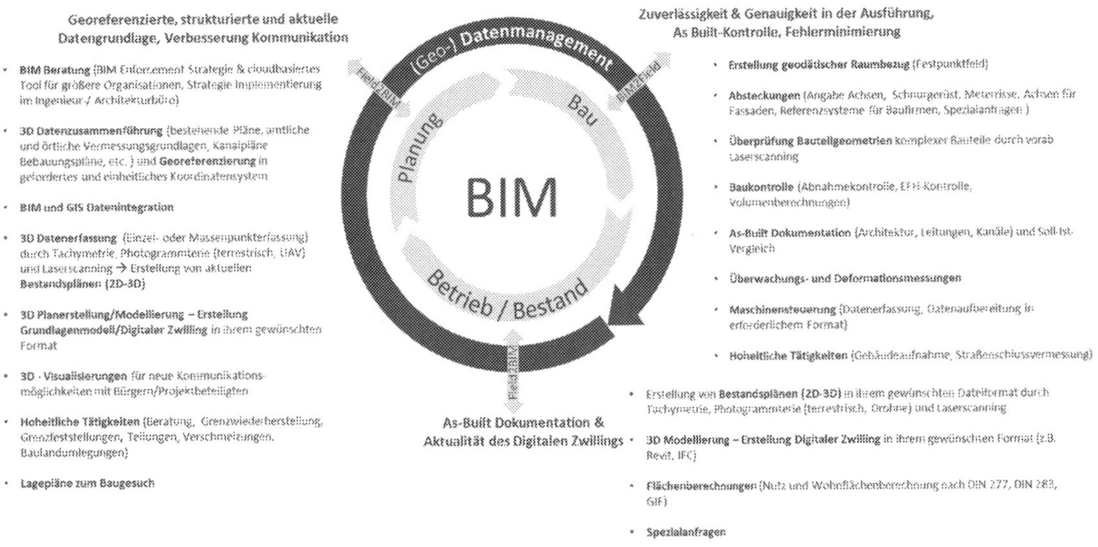

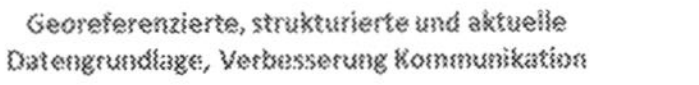

Abb. 3.3 Beispiel BIM-basierte geodätische Tätigkeiten entlang des Lebenszyklus. (Quelle: Eigene Darstellung)

3.3 Umgang mit Datenschnittstellen

Die Herausforderung, die es bereits heute in der täglichen Praxis immer wieder gibt, ist wie aus geodätischer Sicht Datenschnittstellen minimiert werden können.

Aus der VDI Richtlinie 2552 Blatt 4 werden die Anforderungen an den Datenaustausch spezifiziert. Wie bereits an anderer Stelle aufgeführt, ist eine eindeutige Spezifikation der zu überliefernden Daten im AIA und im BAP geregelt. Der Datenaustausch in einem BIM-Projekt umfasst mindestens den Austausch von BIM-Modellen (z. B. im IFC-Format), den Austausch von elektronischen Dokumenten (z. B. technische Zeichnungen, Protokolle, Spezifikationen), den Austausch von Prozessinformationen (mittels BCF) und die Übergabe von alphanumerischen Informationen (z. B. GAEB[1]).

Aus Abb. 3.3 wird ersichtlich, dass bei nahezu allen geodätischen Tätigkeiten Daten aus einer BIM-CDE extrahiert und/oder wieder importiert werden. Grundsätzlich werden in den diversen geodätischen Tätigkeiten und Messmethoden Einzel- und Massenpunkte erfasst. Dies wird durch Tachymetrie, Nivellement, Laserscanning, photogrammetrische Aufnahmen mittels UAV (unmanned aerial vehicle) oder einer terrestrischen Fotokamera sowie weiterer Methoden vollzogen. Dafür werden verschiedene Hard- und Softwareprodukte eingesetzt, wodurch wiederum unterschiedliche proprietäre Datenformate in der Erfassung entstehen. Darüber hinaus entstehen auch in der Auswertung unterschiedliche Datenformate. Im gesamten Projektprozess werden heute schon unzählige Datenumwandlungen von einem in ein anderes Format vollzogen. Solange dies nicht mit Informationsverlusten behaftet ist, stellt dies auch nicht zwingend ein Problem dar. Meist ist eine Formatumwandlung aber mit manuellem Aufwand verbunden bzw. kostet Zeit und hat somit finanzielle Auswirkungen. Weiter gehen Umwandlungen häufig mit Daten- bzw. Informationsverlusten einher.

Wenn die verschiedenen geodätischen Aufgabenfelder durchdekliniert werden und auf die verschiedenen Dateninputs und durch den Geodäten entstandenen Outputs hin betrachtet werden, wird sehr schnell ersichtlich, dass es eine Fülle an unterschiedlichen proprietären Datenformaten in der Datenerfassung und Zusammenführung der geodätischen Daten gibt. In den vergangenen Jahren sind einige Schnittstellen für einen einfacheren Austausch geschaffen worden,

[1]GAEB steht für Gemeinsamer Ausschuss Elektronik im Bauwesen. Das GAEB DA XML zielt ebenso auf einen einheitlichen Standard für die Übertragung von Bauinformationen und allen Anforderungen zu elektronischen Prozessen zur Ausschreibung, Vergabe und Abrechnung (GAEB 2020).

dennoch ist der derzeitige Zustand aus der Sicht effizienter BIM-basierter Prozesse entwicklungsbedürftig.

Bei Betrachtung des derzeitigen Herstellerangebots der gängigen Vermessungsgerätehersteller sind bzgl. BIM Unterschiede im Angebot zwischen den Tachymetern für am Bau beteiligten Akteure, im Folgenden mit „Bau-Tachymetern“ beschrieben, und geodätischen Tachymetern festzustellen. Der Arbeitsprozess bzw. die Software bei „Bau-Tachymetern“ ist weiter vorangeschritten und besser an die BIM-Prozesse angepasst. So werben die Hersteller wie Leica, Trimble, Topcon und Hiliti vor allem mit ihren Produkten zur Bau-Serie mit angepassten BIM-Lösungen. Dahingegen wird im geodätischen Umfeld bisher wenig in BIM-Prozessen und im BIM-Gesamtbild gedacht.

Aus diesem Grund ist es aus geodätischer Sicht derzeit eine Herausforderung, wie Umwandlungen von Datenformaten minimiert werden können. Wichtig ist darauf zu achten, dass in den BIM-Dokumentenstandards Datenformate und Datenschnittstellen klar geregelt sind. Der Geodät sollte dabei immer versuchen, im gesamten Arbeitsprozess eine optimale Lösung für das BIM-Projekt auszuloten und ggf. auch dafür offen sein, den Einsatz anderer bisher nicht genutzter Angebote der Hersteller in Betracht zu ziehen. Weiter wird allgemein darauf zu achten sein, dass Schnittstellen zu offenen Datenformaten wie IFC, XML, etc. weiterentwickelt werden.

Zusammenfassung Kap. 3

Das Kapitel BIM im Kontext geodätischer Praxis hat aufgezeigt, wie bereits heutige geodätische Tätigkeiten im Lebenszyklus eines Gebäudes gedacht werden können. Geodätische Aufgabenfelder können erweitert werden und den Anforderungen von BIM-Prozessen angepasst werden. Eine Reduzierung von proprietären Datenformaten in der Datenerfassung und -zusammenführung wäre wünschenswert, damit ein zusätzlicher Aufwand in den geodätischen Prozessen vermindert werden kann und die Interoperabilität der Daten in der BIMCDE erleichtert wird. ◄

4 Einführung BIM-Strategie im Ingenieurbüro

Grundsätzlich gibt es mehrere Stellen und Ebenen, an welchen BIM eingeführt werden kann. Es kann unterschieden werden zwischen der Einführung in einem Großkonzern, wie beispielsweise bei der Deutschen Bahn, die im Februar 2019 durch eine weitere Veröffentlichung einer BIM-Strategie ihre Bemühungen zur Einführung von BIM aus dem Jahr 2015 weiter fortsetzen möchte (DB AG 2019). Ein weiteres Beispiel wäre die Einführung in einer Stadt oder Kommune, z. B. der Landeshauptstadt Stuttgart, die auf der INTERGEO 2019 ebenfalls vorgestellt hat, dass eine BIM-Strategie eingeführt werden soll (Siebers 2019). Größere Industrieunternehmen oder Vermögensverwaltungen mit viel Immobilienbesitz und Liegenschaften können ebenso eine BIM-Strategie einführen, wie Baukonzerne oder eben mittelständische Planungs- und Ingenieurbüros. Sprich alle Beteiligten, die an der Planung, dem Bau oder dem Betrieb von Gebäuden beteiligt sind, seien es die Eigentümer selbst oder externe Projektbeteiligte. Zu unterscheiden gilt es hierbei sicherlich, dass durch die Einführung von BIM unterschiedliche Ziele verfolgt werden. Für ein Industrieunternehmen kann eines der Ziele sein, durch die Einführung von BIM x % der eigenen Betriebskosten innerhalb von fünf Jahren einzusparen. Für ein Ingenieurbüro hingegen geht es zunächst einmal darum, den neuen Anforderungen in der Planung, im Bau und im Betrieb gerecht zu werden und zukunftsfähig zu bleiben, aber eben auch neue Dienstleistungen anzubieten. BIM also als eine Chance zu ergreifen, um neue Geschäftsmodelle zu erschließen und Wettbewerbsvorteile zu generieren. Dennoch gibt es unter den unterschiedlichen Beteiligten auch Schnittmengen bei den Zielen, wie z. B. die effizientere Zusammenarbeit durch die Verwendung von Kollaborationsplattformen, die

B. Messmer und G. Austen, *BIM – Ein Praxisleitfaden für Geodäten und Ingenieure,* essentials, https://doi.org/10.1007/978-3-658-30803-2_4

Reduzierung von Datenschnittstellen, die Verbesserung der Qualität oder eine bessere Terminsteuerung. Jernigan (2007) unterscheidet bei der BIM-Einführung zwischen little bim und BIG BIM.

Little bim & BIG BIM

Unter **little bim** wird die unternehmensinterne Anpassung von Prozessen und Technologien verstanden, die nur dem internen Zweck dienen. Die erstellten Modelle sind zunächst nicht darauf ausgelegt mit externen Beteiligten ausgetauscht werden zu können. Es schließt aber die Nutzung von parametrischer und modellbasierter Arbeitsweise ein. Die Einführung von little bim kann also als erster Schritt der BIM-Einführung für ein Unternehmen gesehen werden. **BIG BIM** dahingegen beschreibt das finale Ziel des kollaborativen Arbeitens, mittels eines integrierten Kommunikations- und Informationsaustauschs durch eine zentrale Projektinfrastruktur. Als Zwischenstufe wird durch Baldwin (2018) die **Transition BIM** beschrieben. Diese Stufe gibt die schrittweise Anpassung bzw. den Übergang von little bim zu BIG BIM wieder. Diese beginnt durch die Anwendung von BIM auf Projektebene. BIM wird durch die unterschiedlichen Projektbeteiligten eingesetzt, allerdings gibt es keine projektspezifischen Richtlinien und der Austausch erfolgt relativ willkürlich. Ziel ist es aber, durch diese Erfahrungen seine eigene BIM-Strategie insoweit anzupassen, um BIG BIM und die vollumfänglichen Mehrwerte von BIM langfristig ausschöpfen zu können.

Im Folgenden werden nun aufbauend auf den wesentlichen Schritten einer generellen BIM-Einführung aus Baldwin (2018) und aus dem Leitfaden BIMiD des Frauenhofer Instituts aus dem Jahr 2018, eine Möglichkeit der BIM-Strategie Implementierung aufgezeigt. Abb. 4.1 zeigt die Überbegriffe der vier Schritte, die nachfolgend im Detail beschrieben werden.

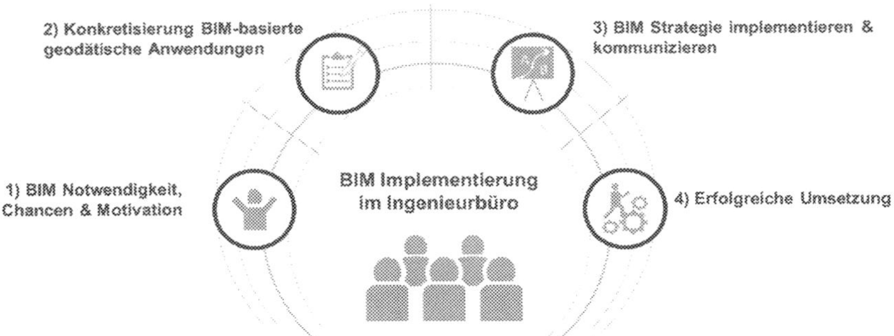

Abb. 4.1 Schritte einer BIM-Strategie Implementierung im Ingenieurbüro. (Quelle: Eigene Darstellung)

4.1 BIM Notwendigkeit aufzeigen, Chancen wahrnehmen und Motivation steigern

Die globalen Mehrwerte durch die Anwendung von BIM und die durch den Geodäten erzeugten Mehrwerte wurden bereits in den vorangestellten Kapiteln erläutert. Auf die konkrete Frage, warum ein Angestellter in einem Vermessungsbüro sich mit BIM auseinandersetzen sollte, kann der zunehmende Automatisierungsgrad der Aufgaben eines Vermessungsingenieurs und -technikers angeführt werden. Wie bereits erwähnt sind 50–55 % der heutigen Tätigkeiten eines Geodäten schon automatisierbar, Tendenz weiter steigend. Der Automatisierungsgrad eines Beamten im Vermessungswesen liegt sogar bei 88 % (Institut für Arbeitsmarkt- und Berufsforschung 2020). Dies zeigt sich auch auf den Baustellen, wo durch ein verbessertes technologisches Angebot geodätische Tätigkeiten mehr und mehr von anderen Fachkräften durchgeführt werden können. Eine weitere Herausforderung schon heute ist der Fachkräftemangel, der u. a. auch durch die nach wie vor niedrige Bezahlung des Vermessungsingenieurs mitbegründet werden kann. Digitale Tools und moderne Arbeitsprozesse können für digital Natives ausschlaggebende Kriterien für eine Berufs- bzw. Unternehmenswahl sein. BIM bietet dafür Möglichkeiten auch den Faktor Spaß, wie durch Pilling (2019) genannt, zu erhöhen. Ein Beispiel ist dabei die Kombination moderner UAV-Technologien mit 3D-Mapping-Software für den Erdbau und das Baumanagement (vgl. Pix4Dbim). Ebenso ist die zunehmende Anfrage nach BIM-basierten Dienstleistungen vonseiten des Kunden ein weiterer Grund, sich als Inhaber und Angestellter in einem Vermessungsbüro aktiv damit auseinanderzusetzen, was BIM für das eigene Unternehmen bedeutet und wie das Berufsbild des Geodäten sich weiterentwickeln kann – welche Chancen es also bietet, diese aktuellen Herausforderungen selbst mit zu gestalten.

Ziel Notwendigkeit aufzeigen, erstes BIM-Verständnis aufbauen, BIM-Akzeptanz schaffen, BIM-Potenziale & Anwendungen durch konkrete Beispiele aufzeigen, Bedenken & Fragen klären, Mitarbeiter von Beginn an beteiligen.

4.2 Anpassung Dienstleistungsspektrum

An dieser Stelle wird auf die bereits herausgearbeiteten BIM-basierten Anwendungen im Abschn. 2.2 und 3.2 verwiesen. Diese können als mögliche erste BIM-basierte geodätische Anwendungen herangezogen werden. Wichtig ist es dabei, sich über die eigenen derzeit bereits angebotenen Dienstleistungen und Kunden klar zu werden und was in Zukunft die eigene Unternehmensstrategie und -vision sein soll. Eine SWOT Analyse kann dabei ein mögliches Werkzeug sein, sich auch seiner derzeitigen Stärken und Schwächen, Möglichkeiten und Risiken klar zu werden. Was kann ggf. darüber hinaus angeboten werden? Was benötigen Kunden überhaupt an Dienstleistungen? Was sind deren Anforderungen und Bedürfnisse? Wo sind Probleme und Herausforderungen, die der Kunde ggf. selbst nicht kennt? Über agile Innovationsmethoden, wie beispielsweise Scrum oder der Design Thinking Methode, können diesen Fragen nachgegangen werden. Durchaus sinnvoll ist es, sich auch um Gespräche oder auch Workshops mit Kunden zu bemühen, um dem BIM-Ansatz des kollaborativen Zusammenarbeitens in Zukunft besser gerecht zu werden. Zentrale Aufgaben sind hier vonseiten des Geodäten vor allem Fragen zu den Datenformaten zu stellen und wie gemeinsam Wege gefunden werden können, Datenschnittstellen zu minimieren, um besser zusammenarbeiten zu können. Konkrete neue Richtungen können in die aufgeführten neuen Tätigkeiten wie das Modellieren gehen, in den Aufbau von Kompetenzen als BIM-Koordinator oder beispielsweise in die verstärkte BIM-Beratung.

Ziel Ausarbeitung BIM-basierte geodätische Tätigkeiten für eigenes Büro, Anpassung und ggf. Erweiterung der Dienstleistungen.

4.3 BIM-Strategie implementieren und erfolgreich kommunizieren

Für die notwendige Transparenz und ein einheitliches BIM-Verständnis ist eine Dokumentation einer BIM-Strategie für den internen Zweck, aber ggf. auch für die externe Kommunikation, sehr zu empfehlen. Welche Bestandteile diese BIM-Strategie konkret enthält, kann von Büro zu Büro variieren. Als Vorschlag können folgende Bausteine enthalten sein: BIM-Ziele, BIM-Roadmap, BIM-Wissen, BIM-Changeprozess, BIM-Software/IT-Landschaft, BIM-Standards und BIM-Kommunikation.

BIM-Ziele
Welche eigenen BIM-Ziele werden durch das Unternehmen verfolgt? Eines der wesentlichen übergeordneten Ziele in einem Vermessungsbüro ist es, sich auf eine Art zukunftssicher zu machen. Es kann also, wie auch im BIMiD-Leitfaden beschrieben, als eine Investition in die Zukunftsfähigkeit des eigenen Unter-

nehmens gesehen werden. Weitere Ziele können aber auch konkreter werden, wie z. B. die Beteiligung an einer gewissen Anzahl an BIM-Projekten.

BIM-Roadmap
Eine Roadmap dient dazu, eine Strategie mit konkreten Maßnahmen zu versehen und den Zielen zeitliche Horizonte zu geben. Wann sollen die Ziele erreicht werden und wie können die Ziele erreicht werden? Durch eine konkrete Roadmap wird die BIM-Strategie greifbar gemacht und mit konkreten Aufgaben gefüllt. Dabei ist es auch zu klären, wer welche Rolle im Unternehmen oder bei Projekten übernimmt und welche Kompetenzen dafür notwendig sind.

BIM-Wissen
Ein weiterer wesentlicher Bestandteil ist der Aufbau von relevantem BIM-Wissen in der eigenen Organisation. Hier gilt es in einem ersten Schritt abzustecken, welche theoretischen Grundlagen rund um BIM notwendig sind, um die praktischen Anwendungen besser zu verstehen und diese dann auch im eigenen Unternehmen einzusetzen. Je nach Größe des Unternehmens und Umfang der BIM-Strategie kann überlegt werden, ob Schulungen intern im Unternehmen durch externes Schulungspersonal abgehalten werden oder, ob Mitarbeiter Schulungen extern besuchen. Diese ersten Schulungen sollen helfen, die Grundlagen von BIM besser zu verstehen und tiefer in die relevanten Bereiche einzutauchen. Ein weiterer Baustein des BIM-Wissens ist das Wissen und der praxisrelevante Umgang mit der zu den erarbeiteten BIM-Anwendungen passenden Software. Hierzu gibt es inzwischen von vielen Anbietern auch online vielfältige Angebote, die es auch ermöglichen, sich über online Tutorials Wissen aufzubauen und dann durch „learning by doing“ weiter zu vertiefen. Es spricht aber sicherlich auch vieles dafür, wie bisher auch zu konkret angebotenen Schulungen zu gehen. Dies sind individuelle Entscheidungen und sollten mit dem jeweiligen Mitarbeiter besprochen werden. Ziel sollte es aber sein, ein aus den einzelnen Lernstrategien bestehendes Gesamtschulungskonzept zu erstellen, das dazu dient, die definierten BIM-Ziele und BIM-Anwendungen praktisch umsetzen zu können.

Ein weiterer wesentlicher Punkt bezieht sich auf das Thema Agilität. Wie bleibt das aufgebaute BIM-Wissen auf dem aktuellen Stand, wie informiert man sich effizient über die relevanten technologischen Entwicklungen? Auch darüber empfiehlt es sich, Gedanken zu machen und so beispielsweise, wie auch im BIMiD-Leitfaden beschrieben, gezielt BIM-Netzwerke zu besuchen und den regelmäßigen fachübergreifenden Austausch zu pflegen.

BIM-Changeprozess

Die erfolgreiche BIM-Einführung ist vom entscheidenden Faktor Mensch abhängig. Deshalb sollte ein wichtiges Augenmerk auf den Transformationsprozess gelegt werden. Je nach Größe und Altersstruktur sind unterschiedliche Anforderungen an die Gestaltung des Changemanagements und Ableitung von Maßnahmen zu wählen. Auf Grundlage einer in der Betriebswirtschaft bekannten Pionierarbeit von Lewin (1947,1958) wurden durch Lauer (2019) neun Erfolgsfaktoren eines erfolgreichen Changemanagements festgelegt:

1. die richtige Führungsperson in Zeiten des Wandels
2. die Definition einer motivierenden Vision
3. Widerstände vermeiden und überwinden durch eine starke Kommunikation
4. betroffene Personen durch Partizipation teilhaben lassen
5. Unterschiede durch Integration überwinden
6. Re-Education durch individuelle Personalentwickung
7. Komplexität durch eine strukturierte Projektorganisation durchbrechen
8. externe Konsultation gezielt einsetzen
9. den permanenten Wandel durch Evolution gezielt iniitieren

Diese Auflistung zeigt, welche Bereiche durch ein erfolgreiches Changemanagement betoffen sein können. Manche dieser Aspekte sind in den anderen Bestandteilen der BIM-Strategie auch bereits angesprochen worden, allerdings sollte ernsthaft, je nach Unternehmensstruktur, auf den Prüfstand gestellt werden, ob der Transformationsprozess ohne externe Hilfe intern gelingen kann.

BIM-Software & IT-Landschaft

Eine weitere wichtige Komponente einer BIM-Strategie ist die Auswahl der passenden und geeigneten Software, um die für die Organisation erarbeiteten BIM-Anwendungen ausführen zu können. Dabei sollten die Anforderungen überprüft und mit der derzeitigen IT-Infrastruktur gegenübergestellt werden. Dementsprechende Investitionen sind ggf. notwendig. Grundsätzlich gilt aber auch hier der Grundsatz der Agilität. BIM ist nach wie vor in der Entwicklung, Anforderungen werden sich wandeln. Bei der Software und ggf. auch der Auswahl von Cloudlösungen sollte der Datenschutz nicht vergessen werden. Die Information, in welchen Ländern die Server liegen, sollte bei der Anwendung von Cloudlösungen beachtet werden. Vor allem sollte sich dabei auch darüber Gedanken gemacht werden, wie der Datenaustausch zukünftig effizient gestaltet und wie Datenschnittstellen minimiert werden können. Ob die Verknüpfung mit dem internen ERP (Enterprise-Resource-Planning)-System und/oder eingesetzten Büro Organisationstools Effizienzgewinne bringt, kann ebenso analysiert werden.

BIM-Standards
BIM-Dokumenten Standards wie beispielsweise die AIA, der BAP, die OIA, die LIA oder die PIA, werden normalerweise, wie bereits beschrieben, vonseiten des Auftragsgebers aufgesetzt und definiert. Nach diesen Vorgaben haben sich dann alle Projektbeteiligten zu richten. Da sich die BIM-Einführung in Deutschland derzeit in einem frühen Stadium befindet und diese Dokumente häufig noch nicht vollständig definiert und ausgereift sind, ist es vonseiten der Geodäten wichtig, sich nach den darin beschriebenen Inhalten, wie beispielsweise den Genauigkeitsanforderungen oder den Gates, zu erkundigen. Dies stellt auch eine Chance dar, sich hier beratend mit der geodätischen Fachexpertise einzubringen.

Für interne Abläufe ist es wichtig, die Vorgaben für einzelne Projekte oder je Kunde zu kennen und diese zu beachten bzw. über geeignete Qualitätskriterien und Prozessbeschreibungen intern zu überprüfen. Auch sollten die gängigen und für ausführende Tätigkeiten relevanten BIM-Normen und Richtlinien bekannt sein und regelmäßig auf Anwendbarkeit und Aktualität im eignen Unternehmen überprüft werden.

BIM-Kommunikation
Eine Komponente, die auch als einer der Erfolgsfaktoren im Changemanagement gilt, ist die Kommunikation sowohl intern als auch extern. Das schließt zum einen die Partizipation und den regelmäßigen Austausch im Team ein, als auch die erfolgreiche Kommunikation über die Einführung von BIM-Tätigkeiten zu den Kunden und externen Parteien. Wie bereits oben aufgeführt, ist es auch für ein Ingenieurbüro interessant, BIM zur Rekrutierung neuer und vor allem junger Mitarbeiter als Zeichen für die eigenen Innovationsfähigkeiten zu nutzen.

Ziel Erfolgreiche Kommunikation & Einführung BIM-Strategie, Schaffung Transparenz, Konkretisierung BIM, Aufstellung Schulungs- und Lernpläne, Gewährleistung Agilität, Steigerung Innovationskraft.

4.4 Erfolgreiche Umsetzung

Erfahrungen sammeln, Prozesse reflektieren und anpassen, offen für Neues und für Wandel bleiben und es „einfach machen“, hilft BIM greifbarer und es Schritt für Schritt größer werden zu lassen. Nicht nur im eigenen Betrieb, mit den eigenen Kunden, sondern auch in der gesamten Branche. Es hilft dabei mit dem Kunden erste Pilotprojekte aufzusetzen und daraus erste Erfahrungen der eingesetzten Technolgie und der neuen Art der Zusammenarbeit zu sammeln.

Darüber hinaus sollte die dokumentierte BIM-Strategie auch nicht als ein in Stein gemeißeltes Dokument verstanden werden. Die Möglichkeiten des technologischen Wandels verändern sich in rasanter Geschwindigkeit. Es ist deshalb ratsam sich z. B. einmal jährlich die Zeit zu nehmen und zu prüfen, ob die Weichen noch richtig gestellt sind oder ob an der ein oder anderen Stelle nachjustiert werden muss. Es liegt an jedem einzelnen, sich aktiv einzubringen, einen Kulturwandel zu wollen und dafür Sorge zu tragen, die Geodäsie oder andere Fachdisziplinen auch in Zukunft als unverzichtbare Disziplinen im Bauen und im Gestalten der Umwelt zu halten.

Ziel Erfahrungen sammeln, BIM leben, Teilhaben und Mitgestaltung am digitalen Wandel.

Zusammenfassung Kap. 4

In diesem Kapitel wurde dargelegt, wie mit vier konkreten Schritten eine BIM-Strategie im Ingenieurbüro eingeführt werden kann. Dazu zählen 1) die BIM Notwendigkeit aufzeigen, Chancen wahrnehmen & Motivation steigern, 2) die Anpassung des Dienstleistungsspektrums, 3) BIM-Strategie implementieren & erfolgreich kommunizieren und 4) erfolgreiche Umsetzung. Beachtet werden sollte, dass eine erfolgreiche BIM-Einführung vom entscheidenden Faktor Mensch abhängig ist. ◀

5 Chancen durch BIM in Zukunft besser nutzen

„Nicht weil es schwer ist, wagen wir es nicht, sondern weil wir es nicht wagen, ist es schwer" so ein Zitat des römischen Dichters und Philosophen Seneca. Wie schwer es tatsächlich nicht nur für den Bereich der Geodäsie sein wird, sich stärker in den BIM-Bereich zu wagen, wird sich zeigen. Viele europäische Nachbarstaaten, wie Großbritannien, sind bereits auf dem Weg zu BIM-Level drei. In Deutschland befindet man sich derzeit noch in den Anfängen. Es ist nun von der Bereitschaft der Entscheidungsträger und eines jeden Einzelnen abhängig, neue Wege einzuschlagen und sich aktiver einzubringen, damit BIM sich in Deutschland weiter entwickeln kann.

Das vorliegende Essential hat auf die eingangs eingeführter Fragestellungen mögliche Antworten aufgezeigt. Es wurde zunächst durch ein BIM-Grundlagenkapitel relevantes Basiswissen vermittelt. Darauf aufbauend konnten bereits heute mögliche und teilweise neue Aufgabenfelder erarbeitet werden. Auf die erste Frage, wie sich die sich die Rolle des Geodäten im BIM-Umfeld weiterentwickelt, kann folgende Antwort gegeben werden: neue Rollen als BIM-Koordinator, BIM-Berater oder BIM-Modellierer können eingenommen werden. Zudem können auch Kompetenzen im Bereich Datenverarbeitung und Datenmanagement im BIM-Umfeld weiter vertieft werden. Auf die zweite Frage, welche Aufgaben sich daraus ergeben, kann abschließend Folgendes gesagt werden: an den heutigen Aufgaben in der Einzel- und Massenpunkterfassung ändert sich im BIM-Kontext nichts Grundsätzliches, hinterfragt und vor allem optimiert werden sollte allerdings der gesamte Arbeitsprozess. Als eine Herausforderung zählt insbesondere die Handhabung mit vielen verschiedenen Datenformaten in der Datenerfassung und -verarbeitung. Eine Standardisierung, insbesondere auch durch die Geräte- und Softwarehersteller, wäre in diesem Bereich eine deutliche Verbesserung des gesamten Arbeitsprozesses geodätischer BIM-basierter Tätigkeiten. Bei der Recherche zum derzeitigen

B. Messmer und G. Austen, *BIM – Ein Praxisleitfaden für Geodäten und Ingenieure,* essentials, https://doi.org/10.1007/978-3-658-30803-2_5

Softwareangebot wurde deutlich, dass in der klassischen Ingenieurvermessung der BIM-Arbeitsprozess noch zu wenig Beachtung findet.

In Tab. 3.1 wurden weiter die Mehrwerte aufgeführt, die über die Branche hinaus mehr kommuniziert werden sollten, damit der generierte Output des Geodäten mehr Wertschätzung erlangt. Die neue Herangehensweise an ein BIM-Projekt erfordert eine neue Ausrichtung auch im Ingenieurbüro. Das letzte Kapitel gab durch einen Leitfaden, wie eine BIM-Strategie in einem Ingenieurbüro implementiert werden kann, eine Hilfestellung. Insbesondere ist bei dieser Veränderung hin zu BIM-basierten Arbeitsprozessen der Mensch im Zentrum. Die Offenheit für Neues, lebenslanges Lernen und der Abbau von Ängsten sind zentrale Erfolgsfaktoren einer BIM-Implementierung.

Dieses Essential verfolgt wie eingangs beschrieben unter anderem das Ziel, jeden einzelnen zu ermutigen in der digitalen Transformation der Baubranche aktiv zu werden, mehr digitale Lösungen zu wagen und die Zusammenarbeit im Interesse aller smarter zu gestalten. Die technologischen Möglichkeiten sind vorhanden. Es bestehen viele neue Chancen, die ergriffen werden können, um die vollen Potenziale von BIM in Zukunft besser zu nutzen. Deshalb werden abschließend sechs Gedanken bzw. Impulse aufgeführt:

1. Stärkung EU BIM-Task-Group zur Weiterentwicklung eines europaweiten BIM-Rahmens mit nationalen Gestaltungsmöglichkeiten
Ein einheitliches BIM-Verständnis bildet eine zentrale Grundlage internationaler, aber auch nationaler Zusammenarbeit. Die weitere Erarbeitung europaweiter BIM-Normen und Richtlinien sind essenziell, damit ein europäischer, übergeordneter Rahmen geschaffen wird, der aber nationale Gestaltungsmöglichkeiten zulässt. Vonseiten der Geodäsie ist hier z. B. die Weiterentwicklung einer zusätzlichen Klassifikation des Levels of As-is-Dokumentation (LoAD) unter Verwendung der bereits definierten LoA wünschenswert.

2. Modernisierung Öffentliche Verwaltungen (insb. Baugenehmigungsprozess)
BIM und die digitale Transformation bietet auch für die öffentliche Hand Chancen, neue Wege zu gehen, um aktuelle gesellschaftspolitische Herausforderungen zeitgemäß zu beantworten. Eine Herausforderung derzeit ist z. B. die Schaffung bezahlbaren Wohnraums, was durch schnellere und transparente Baugenehmigungsverfahren begünstigt werden könnte. Bundesweit gibt es dazu Initiativen, so z. B. zum BIM-basierten Bauantrag (s. u. a. Forschungsinitiative ZukunftBau). In der Praxis wäre die digitale Abgabe des Lageplans zum Baugesuch ein erster, dringend notwendiger Schritt in die richtige Richtung. Teil-

automatisierte Prüfprogramme könnten diesen digitalen Eingang direkt vorprüfen, sodass eine Überprüfung durch eine Fachkraft deutlich schneller möglich wäre. Für Städte, Landkreise und Kommunen ist eine Auseinandersetzung mit möglichen BIM-Anwendungen und einer Digitalisierungs- bzw. BIM-Strategie eine Möglichkeit, sich für die Zukunft auch im Kontext Smart City, Connectivity, bzw. smarter ländlicher Raum weiter zu entwickeln.

3. Gemeinsame Steigerung der Nachhaltigkeit im Bau & Betrieb
BIM bietet wie erwähnt viele neue Möglichkeiten, auch dem Thema Nachhaltigkeit, vor allem in den ökonomischen und ökologischen Aspekten, gerechter zu werden. Durch eine Nachhaltigkeitseinstufung gemäß der Deutschen Gesellschaft für Nachhaltiges Bauen (DGNB) können Standards entwickelt werden, die zu einer verbesserten Datenkonsistenz und zu weniger Ressourceneinsatz führen können. Der Gedanke der *„Circular Economy"* spielt in der Auswahl von nachhaltigen Baumaterialien eine immer stärkere Rolle. Der digitale Zwilling ermöglicht z. B. darüber hinaus, im Bestand Energieanalysen und anschließende Optimierungen zu vollziehen.

4. Erarbeitung BIM-Curriculum für Berufsschulen, Hochschulen und Universitäten
BIM-Inhalte sind derzeit in den Berufsschulen, Hochschulen und Universitäten nur unzureichend integriert. Es gibt derzeit kein standardisiertes BIM-Curriculum. Von Bedeutung sind aber die Beherrschung von BIM-Werkzeugen und das Prozesswissen der kollaborativen Art der Leistungserbringung. Deshalb ist eine Forderung, alle betreffenden Ausbildungsberufe und Studiengänge BIM-fit zu machen, wie es auch im BIMiD-Leitfaden und durch Pilling (2019) verlangt wird.

5. Entwicklung von branchenübergreifen eLearning Plattformen
Technologische Innovationen führen ständig zu neuen Lösungswegen. Unternehmen und öffentlicher Verwaltung ist es aufgrund der operativen Arbeit, der Altersstruktur, der Größe oder sonstiger Restriktionen häufig erschwert möglich, den technologischen Trends zu folgen und diese erfolgreich zu implementieren. Über branchenübergreifende eLearning Plattformen mit darüberhinausgehenden speziellen Fachangeboten könnten zu BIM-Themen, wie z. B. zu BIM-Basiswissen, BIM-Expertenwissen oder zu spezifischen Fachfragen, Tutorials angeboten werden, die über einen Zeitraum bearbeitet und mit oder ohne Zertifikat abgeschlossen werden können. In anderen Branchen gibt es derartige Formate und Virtual Classrooms seit längerer Zeit.

6. Gemeinsame Mitgestaltung der BIM-Implementierung

Jedes Gewerk und jeder Fachbereich hat Einfluss darauf, wie BIM in Deutschland mit mehr Leben gefüllt werden kann. Aus der Schattenrolle hervortreten und sich in internationalen und nationalen Initiativen und Gremien aktiv einbringen, bietet neue Chancen, nicht nur den Bereich der Vermessung aufzuwerten. Es liegt nun an verantwortlichen Akteuren sich im Spannungsfeld von BIM weiter zu entwickeln – denken wir gemeinsam neu!

Was Sie aus diesem *essential* mitnehmen können

- Relevantes BIM-Grundlagenwissen
- Welche Chancen BIM für den Bereich Geodäsie bietet
- Wie BIM-basierte geodätische Tätigkeiten konkret aussehen können
- Wie eine BIM-Strategie in einem Ingenieurbüro implementiert werden kann
- Wie BIM als Chance wahrgenommen werden kann

B. Messmer und G. Austen, *BIM – Ein Praxisleitfaden für Geodäten und Ingenieure*, essentials, https://doi.org/10.1007/978-3-658-30803-2

BIM-Glossar

AIA **A**uftraggeber-**I**nformations-**A**nforderung (= BIM-Lastenheft); Definition von BIM-Abgabeleistungen; werden vom Auftraggeber definiert; Ziel u. a. Absprache zur Nutzung der digitalen Modelle als Grundalge für den Betrieb eines Gebäudes → Vermeidung Informationsverlust von Bau zu Betrieb

AIM **A**sset **I**nformation **M**odel; entspricht im Deutschen dem LIM

AIR **A**sset **I**nformation **R**equirements; entspricht im Deutschen den LIA

BAP **BIM** **A**bwicklungsplan (= BIM-Pflichtenheft); Beschreibung der Prozesse der BIM-basierten Erstellung von BIM-Leistungen

BCF **BIM** **C**ollaboration **F**ormat; Format zur Übertragung von Herausforderungen und Mitteilungen zwischen verschiedener Software

BIG BIM beschreibt das finale Ziel des kollaborativen Arbeitens, mittels eines integrierten Kommunikation- und Informationsaustauschs durch eine zentrale Projektinfrastruktur

BIM **B**uilding **I**nformation **M**odeling, **M**anagement; eine kooperative Arbeitsmethodik, mit der auf der Grundlage digitaler Modelle eines Bauwerks die für seinen Lebenszyklus relevanten Informationen und Daten konsistent erfasst, verwaltet und in einer transparenten Kommunikation zwischen den Beteiligten ausgetauscht oder für die weitere Bearbeitung übergeben werden

BIM Level 0–3 beschreibt die BIM-Maturität nach Bew Richards
Level 0: herkömmliche Arbeiten mit 2D CAD-Modellen und dem papierbasierten Austausch von Plänen

B. Messmer und G. Austen, *BIM – Ein Praxisleitfaden für Geodäten und Ingenieure,* essentials, https://doi.org/10.1007/978-3-658-30803-2

Level 1: Übergang von zwei- zu dreidimensionalen Daten und dem Austausch der Plandaten digital, jedoch in proprietärem Format
Level 2: Einführung kollaborativen BIM-Ansatzes und die Anwendung von BIM-Software
Level 3: noch nicht final definiert; Annahme: offenen BIM-Prozesses (openBIM), der Datenbanken und zusammengeführte Modelle unterstützt, welche auf offene allgemein anerkannte Standards zurückgreifen

BIM2Field Überführung der digital erzeugten Plandaten in die Realität

BIMiD **BIM** **i**n **D**eutschland; BIM-Leitfaden von der Initiative Mittelstand 4.0 – Kompetenzzentrum Planen und Bauen veröffentlicht

bSA National Institute of Building Sciences buildingSmart alliance (US); eines der Ziele der Allianz: Entwicklung Nationalen BIM-Standard der USA

bSI buildingSMART International; Dachorganisation der BuildingSmart Initiative

CAFM Connect Standard Dateninhalt für das Facility Management

CDE **C**ommon **D**ata **E**nvironment, Single Source of Truth; Eine gemeinsame Projektplattform, die es ermöglichen soll, die strukturierten Informationen der verschiedenen BIM-Fachmodelle zu definierten Zeitpunkten austauschbar und über den gesamten Lebenszyklus eines Gebäudes weiterverwendbar zu machen

CIR **C**ontracting Party's **I**nformation **R**equirements; entspricht im Deutschen den AIA

CIS/2 Standardisiertes/offenes Austauschformat im Stahlbau

CityGML Standardisiertes/offenes Austauschformat für Stadtmodelle

closed BIM nativeBIM; kollaborative Prozesse, v. a. Datenaustausch-Vorgänge, die auf proprietärem Format und kommerziellen Software, wie .rvt, .dgn oder .pln basieren

Cobie Construction-to-Operation Building information exchange; Norm aus den USA zur Überführung von Informationen von der Bauphase zur Betriebsphase für die Liegenschaftsverwaltung

CRS engl. Coordinate Reference System

DGM Digitales Geländemodell

DIN18710 Norm zur Klassifizierung der Messgenauigkeit bei Lagevermessung

EIR **E**mployer **I**nformation **R**equirements; entspricht im Deutschen den AIA

FIELD2BIM Datenerfassung und Überführung der Realität in eine digitale Form/Plattform/CDE

Gates Definierte Datenübergabepunkte

gbXML Standardisiertes/offenes Austauschformat für thermische Berechnungen

IDM **I**nformation **D**elivery **M**anual = Informationslieferungshandbuch. Anleitung zur Informationsbereitstellung eine Methodik zur standardisierten Dokumentation spezifischer Anwendungen

IFC **I**ndustry **F**oundation **C**lasses; Standardisiertes und international anerkanntes Datenaustauschformat (DIN EN ISO 16739), strenggenommen ein Datenstrukturschema

LIA **L**iegenschafts-**I**nformations-**A**nforderungen; abgeleitet aus den OIA. Beschreiben den objektspezifischen Informationsbedarf, der für den Betrieb der Liegenschaft zukünftig notwendig ist

LIM **L**iegenschafts-**I**nformations-**M**odell

little BIM beschreibt die unternehmensinterne Anpassung von Prozessen und Technologien, die nur dem internen Zweck dienen und zunächst nicht darauf ausgelegt sind mit externen Beteiligten Modelle austauschen zu können

LoA **L**evel **o**f **A**ccuracy; Angabe zur Genauigkeit des Aufmaßes; LOA10 (>50 mm), LOA20 (50-15 mm), LOA30 (15-5 mm), LOA40 (5-1 mm) und LOA50 (1-0 mm)

LoAD **L**evel **o**f **A**s-is-**D**okumentation; Dokumentationsgrade für As-Built-BIM- Modelle

LoD **L**evel **o**f **D**evelopment; Spezifikation des Detaillierungsgrad der Geometrie und des Informationsinhalts eines Modellelements

LoG **L**evel **o**f **G**eometry; Spezifikation des geometrischen Detailierungsgrad; bezieht sich ausschließlich auf die geometrische Objekt-Präsentation

LoI **L**evel **o**f **I**nformation; Spezifikation des Detailierungsgrad; bezieht sich ausschließlich auf den Informationsgehalt des Objekts

LOIN **L**evel **o**f **I**nformation needed. Der Fokus liegt auf dem Begriff des *Needs,* also auf dem was der Informationsbesteller tatsächlich benötigt und erwartet

MVD **M**odel **V**iew **D**efinition; Modellansichtsdefinition ein für ein bestimmten Zweck reduzierter IFC-Export, wie z. B. für eine energetische Analyse

NBIMS-US Nationale BIM Standard der USA

NBS National Building Specification

OIA **O**rganisations-**I**nformations-**A**nforderungen; beschreiben die für den Auftraggeber und seine Organisation relevanten strategischen Informationsbedürfnisse

OIR **O**rganizational **I**nformation **R**equirements; entspricht im Deutschen den OIA

open BIM kollaborative Prozesse, v. a. Datenaustausch-Vorgänge, die sich einem offenen zugänglichen Standard, wie IFC oder BCF bedienen

PAS **P**ublicly **A**vailable **S**pecifications; in Großbritannien entwickelt, aber von internationaler Relevanz. Insbesondere hat haben die PAS 1192-2 bis -5 einen Einfluss auf die DIN EN ISO 19650

PCS **P**rojekt **C**oordinate **S**ystem; Projektkoordinatensystem; zumeist ein lokales kartesisches Koordinatensystem mit Maßstab 1

PIA **P**rojekt-**I**nformations-**A**nforderungen; beinhalten den projektspezifischen Informationsbedarf, der zur Umsetzung von Planung und Bauausführung definiert ist

PIM **P**rojekt-**I**nformations-**M**odell

PIR **P**roject **I**nformation **R**equirements; entspricht im Deutschen den PIA

proprietäres Format nativeBIM, closedBIM; Datei basiert auf herstellerspezifischen und nicht öffentlichen Standards. Die entwickelte Datenstruktur obliegt also im Eigentum des Unternehmens

STEP Standard for the Exchange of Data Model

VE **V**irtual **E**ngineering; Visuelle Darstellung von BIM-Daten

Literatur

AHO. (2019). *Leistungen Building Information Modeling – Die BIM-Methode im Planungsprozess der HOAI*. Berlin: Reguvis Bundesanzeiger.

Autodesk. (2003). Building information modeling. San Rafael, Kalifornien, USA. www.laiserin.com/features/bim/autodesk_bim.pdf. Zugegriffen: 30. Okt. 2019.

Baldwin, M. (2018). *Der BIM-Manager: Praktische Anleitung für das BIM-Projektmanagement.* DIN Deutsches Institut für Normung e. V., Mensch und Maschine Schweiz AG. Berlin: Beuth Verlag GmbH.

Becker, R., Clemen, C., & Wunderlich, T. (2019). BIM in der Ingenieurvermessung. In DVW e. V. und Runder Tisch GIS e. V. (Hrsg.), *Leitfaden Geodäsie und BIM. Version 2.0* (S. 87–102). München: Bühl.

BIM CLUSTER Baden-Württemberg e. V. (2019). *bimcluster*. http://www.bimcluster.de/hauptnavigation/ziele. Zugegriffen: 20. Nov. 2019.

BIM Deutschland Zentrum für die Digitalisierung des Bauwesens. (2020). https://bimdeutschland.de/. Zugegriffen: 7. Apr. 2020.

Blankenbach, J. (2019). Wie kommt die Koordinate ins BIM? Im Spannungsfeld von Modellierung, Interoperabilität und Software. *2. GEODÄSIE-KOGRESS NRW.* Düsseldorf: DVW Landesverband NRW. https://www.dvw.de/landesverein-nrw/view/vortragsarchiv. Zugegriffen: 10. Aug. 2019.

Blankenbach, J., & Clemen, C. (2019). BIM-Methode zur Modellierung von Bauwerken. In DVW e. V. und Runder Tisch GIS e. V. (Hrsg.), Leitfaden Geodäsie und BIM. Version 2.0 (S. 20–31), München: Bühl.

Borrmann, A., König, M., Koch, C., & Beetz, J. (2015). *Building Information Modeling – Technologische Grundlagen und industrielle Praxis*. Wiesbaden: Springer Vieweg.

British Standards Institution. (2016). *bim-level2*. https://bim-level2.org/en/about/. Zugegriffen: 29. Okt. 2019.

buildingSMART Deutschland e. V. (2018). *BIM-Knowhow*: https://www.buildingsmart.de/bim-knowhow. Zugegriffen: 29. Okt. 2019.

buildingSMART Deutschland e. V. (2019). *Verein*. https://www.buildingsmart.de/buildingsmart-ev/verein. Zugegriffen: 16. Dez. 2019.

buildingSmart International. (2015). *buildingSmart Data Dictionary*. http://bsdd.buildingsmart.org/#concept/details/02GOHsd5P8QuCLyrqO__FT. Zugegriffen: 6. Nov. 2019.

B. Messmer und G. Austen, *BIM – Ein Praxisleitfaden für Geodäten und Ingenieure,* essentials, https://doi.org/10.1007/978-3-658-30803-2

buildingSMART International. (2019). *buildingSMART International.* https://www.buildingsmart.org/users/services/bim-maturity-assessment/. Zugegriffen: 16. Dez. 2019.

BMVI. (2015). *Stufenplan Digitales Planen und Bauen.* Berlin: Bundesministerium für Verkehr und digitale Infrastruktur.

Clemen, C. (2019). AIA, BAP & Co – Ändert sich die 3D-Bestandsdokumentation wegen der BIM-Methode? (G. u. DVW e. V. – Gesellschaft für Geodäsie, Hrsg.) *Terrestrisches Laserscanning 2019 (TLS 2019), Band 96.*

DB AG. (2019). BIM Strategie der Deutschen Bahn. https://www.deutschebahn.com/de/bahnwelt/bauen_bahn/bim/BIM-1186016. Zugegriffen: 19. Nov. 2019.

DIN (2010). DIN 18710 Ingenieurvermessung Teil 1 bis 4, Stand: 2016-11. https://perinorm-s.redi-bw.de/perinorm/results.aspx. Zugegriffen: 11. Nov. 2019.

DIN (2016). DIN EN ISO 19101-1 Geinformation, Stand: 2016-11. https://perinorm-s.redi-bw.de/perinorm/results.aspx. Zugegriffen: 11. Nov. 2019.

DIN Bauportal GmbH – Dynamische BauDaten –. (2019). *DIN BIM Cloud.* https://www.din-bim-cloud.de/. Zugegriffen: 16. Dez. 2019.

Eastman, C., Fisher, D., Lafue, G., Lividini, J., Stoker, D., & Yessios, C. (1974). *An outline of the building description system.* Pittsburgh: Institute of Physical Planning, Carnegie-Mellon University.

EU Bim Task Group. (2017). *Handbook for the introduction of building information modelling by the European Public Sector.* Brüssel: EU BIM Task Group.

Frauenhofer, I. B. P. (2018). *BIMiD-Leitfaden.* Valley: Frauenhofer IBP.

Früh, N. (2019). Modellbasierte Qualitätssicherung für maschinell hergestellte Schalungsbauteile aus Brettsperrholz. [Seminar] *BIM- Modellbasierte Arbeitsweise für Geodäten, Planer und Bauherren (20.03.2019).* Geodäsieverbände in Baden-Württemberg.

GAEB. (2020). *GAEB Datenaustausch.* https://www.gaeb.de/de/produkte/gaeb-datenaustausch/. Zugegriffen: 8. Jan. 2020.

HOAI (2013). Verordnung über die Honorare für Architekten- und Ingenieurleistungen (Honorarordnung für Architekten und Ingenieure – HOAI) in der Fassung vom 10.07.2013, in Kraft getreten am 17.07.2013. https://www.hoai.de/online/HOAI_2013/HOAI_2013.php. Zugegriffen: 3. Nov. 2019.

Institut für Arbeitsmarkt- und Berufsforschung. (2020). *Job Futuromat.* https://job-futuromat.iab.de/. Zugegriffen: 11. Jan. 2020.

Jernigan, F. (2007). *BIG BIM little bim* (2. Aufl.). Salisbury: 4Site.

Kaden, R., & Clemen, C. (2017). Applying geodetic coordinate reference systems within Building Information Modeling (BIM). *FIG Working Week 2017 – Surveying the world of tomorrow – From digitalisation to augmented reality.* Helsinki. https://www.oicrf.org/-/applying-geodetic-coordinate-reference-systems-within-building-information-modeling-bim-. Zugegriffen: 20. Nov. 2019.

Kaden, R., & Seuß, R. (2019). Einleitung. In DVW e. V. und Runder Tisch GIS e. V. (Hrsg.), Leitfaden Geodäsie und BIM. Version 2.0 (S. 19–20). München: Bühl.

Lauer, T. (2019). *Change Management Grundlagen und Erfolgsfaktoren* (3. vollständig überarbeitete und erweiterte Auflage Ausg.). Aschaffenburg: Springer Gabler.

Messner, J., Anumba, C., Dubler, C., Goodman, S., Kasprzak, C., Kreider, R., Zikic, N. (2019). *BIM Projekt Execution Planning Guide – Version 2.2.* (C. I. Program, Hrsg.) Pennsylvania, Penn State, USA. https://psu.pb.unizin.org/bimprojectexecutionplanningv2x2/. Zugegriffen: 30. Okt. 2019.

Mittelstand 4.0-Kompetenzzentrum Planen und Bauen. (2019). *Mittelstand 4.0-Kompetenzzentrum Planen und Bauen*. https://www.kompetenzzentrum-planen-und-bauen.digital/. Zugegriffen: 29. Okt. 2019.

National Institute of Building Sciences. (2019). *NBIMS-US V3*. https://www.nationalbimstandard.org/. Zugegriffen: 17. Dez. 2019.

National Institute of Building Sciences buildingSMART alliance. (2015). *National BIM Standard – United States Version 3*. National Institute of Building Sciences buildingSMART alliance. https://buildinginformationmanagement.files.wordpress.com/2015/07/nbims-us_v3_3_terms_and_definitions.pdf. Zugegriffen: 28. Okt. 2019.

Pilling, A. (2019). *BIM – Das digitale Miteinander* (3., aktualisierte und erweiterte Auflage Ausg.). Berlin: Beuth Verlag GmbH.

planen-bauen 4.0 GmbH. (2019). *Die Initiative*. https://planen-bauen40.de/die-initiative-faq/. Zugegriffen: 18. Dez. 2019.

Schapke, S.-E. (2019). Neue Richtlinien und Werkzeuge für die Zusammenarbeit; Kollaboration – Prozesse – Zusammenarbeit. In *Deutsches Ingenieurblatt* (DIB 9-2019), S. 44–46.

Siebers, G. (2019). BIM – eine Chance AUCH für die GEODÄSIE. *INTERGEO 2019*. Stuttgart: DVW. https://www.intergeo.de/intergeo/archiv/archiv_2019.php. Zugegriffen: 25. Okt. 2019.

Smith, P. (2014). BIM & the 5D Projekt Cost Manager. *Procedia- Social and Behavioral Sciences 119* (S. 475–484). International Cost Engineering Council (ICEC) & University of Technology Sydney: Elsevier Ltd. https://www.sciencedirect.com/science/article/pii/S1877042814021442/pdf?md5=53170cdabe89dd57151926d050838680&isDTMRedir=Y&pid=1-s2.0-S1877042814021442-main.pdf&_valck=1. Zugegriffen: 30. Okt. 2019.

Statistisches Bundesamt. (2020). VGR des Bundes – Produktivität,[…], Wirtschaftsbereiche. https://www-genesis.destatis.de/genesis/online/data?operation=abruftabelleBearbeiten&levelindex=1&levelid=1578996516842&auswahloperation=abruftabelleAuspraegungAuswaehlen&auswahlverzeichnis=ordnungsstruktur&auswahlziel=werteabruf&code=81000-0017&auswahlte. Zugegriffen: 14. Jan. 2020.

USIBD U.S., Institute of Building Documentation. (2019). USIBD Level of Accuracy (LOA) Specification Guide. Version 3.0 – 2019. https://usibd.org. Zugegriffen: 20. Mai. 2020.

van Nederveen, G., & Tolmann, F. (1992). Modelling multiple views on buildings. In M. Skibniewski (Hrsg.), *Automation in Construction* (S. 215–224).

VDI. (2019). *VDI Richtlinien*. https://www.vdi.de/richtlinien. Zugegriffen: 16. Dez. 2019.

VDI Richtlinie 2552-4. (2018). *VDI Richtlinie 2552 Blatt 4*. Verband Deutscher Ingenieure.

VDI Richtlinie 2552-7. (2019). *VDI Richtlinie 2552 Blatt 7*. Verein Deutscher Ingenieure.

VDI Richtlinie 2552-8. (2019). *VDI Richtlinie 2552 Blatt 8*. Verein Deutscher Ingenieure.

Wollenberg, R. (2018). BIM für Bestandsimmobilien. *Forum Bauinformatik 2018* (S. 77–85). Weimar: Bauhaus-Universität Weimar.

Printed in the United States
By Bookmasters